计算机"十四五"精品教材

中文版3ds Max 2020 实例教程

主　编　李佳阳　胡素娟　陈小进
副主编　李　璘　刘　畅　方艳巍
主　审　陈小华

U0222285

哈尔滨工程大学出版社
Harbin Engineering University Press

内容简介

全书共14章，主要包括3ds Max 2020基本知识、软件视图常用操作、选择与编辑3D对象、创建与编辑二维图形、创建与编辑三维建模、复制镜像建模对象、设置材质和编辑3D建模、应用2D与3D贴图、设置灯光与摄影机、应用渲染环境特效、创建与设置动画效果、粒子系统与空间扭曲、渲染输出动画对象、综合案例实战等内容。

本书既可作为应用型本科院校、职业院校的教材，也可作为电脑培训班及电脑学校的3ds Max教学用书，还可作为影视和广告动画制作、游戏角色和场景设计、工业产品造型设计、建筑设计及室内外效果图制作等相关领域的设计人员的参考书。

图书在版编目（CIP）数据

中文版 3ds Max 2020 实例教程 / 李佳阳，胡素娟，陈小进主编. -- 哈尔滨 ： 哈尔滨工程大学出版社，2021.10（2023.8重印）

ISBN 978-7-5661-3280-2

Ⅰ.①中… Ⅱ.①李… ②胡… ③陈… Ⅲ.①三维动画软件－教材 Ⅳ.①TP391.414

中国版本图书馆 CIP 数据核字（2021）第 199600 号

中文版3ds Max 2020 实例教程
ZHONGWENBAN 3ds Max 2020 SHILI JIAOCHENG

责任编辑 张林峰

封面设计 赵俊红

出版发行	哈尔滨工程大学出版社
社　　址	哈尔滨市南岗区南通大街 145 号
邮政编码	150001
发行电话	0451-82519328
传　　真	0451-82519699
经　　销	新华书店
印　　刷	唐山唐文印刷有限公司
开　　本	787 mm×1 092 mm 1/16
印　　张	16
字　　数	410 千 字
版　　次	2021 年 10 月第 1 版
印　　次	2023 年 8 月第 2 次印刷
定　　价	68.00 元

http：//www.hrbeupress.com

E-mail：heupress@hrbeu.edu.cn

前 言

3ds Max 2020是由美国Autodesk公司推出的一款计算机辅助绘图和设计软件，具有界面友好、功能强大、易于掌握、使用方便和体系结构开放等特点。其广泛应用于室内装潢、室外设计、建筑设计、动漫设计和园林规划等领域，深受广大动漫与建筑行业技术人员青睐。

为了帮助广大读者快速掌握3ds Max 的三维制作技术，我们特组织专家和一线骨干老师编写了《中文版3ds Max 2020 实例教程》一书。本书主要具有以下特点。

（1）14章专题技术讲解。本书体系结构完整，由浅入深地对3ds Max 2020基本知识、软件视图常用操作、选择与编辑3D对象、创建与编辑二维图形、创建与编辑三维建模、复制镜像建模对象、设置材质和编辑3D建模等内容进行了全面细致的讲解，帮助读者从零到完全精通，快速掌握3ds Max 2020软件。

（2）120多个专家提醒放送。作者在编写时，将平时工作中总结的各方面3ds Max 2020的实战技巧、心得体验与设计经验等毫无保留地奉献给读者，不仅大大地丰富和提高了本书的含金量，更方便了读者提升实战技巧与经验，从而提高学习与工作效率，学有所成。

（3）110多个实战技巧放送。本书是一本可操作性很强的技能实例手册，读者通过书中的实例可以逐步掌握软件的核心技能与操作技巧，从新手快速成长为行家里手。

（4）210多分钟视频演示。本书的技能实例全部录制成带语音讲解的演示视频，时间长达210多分钟，重现书中所有技能实例的操作，读者既可以结合本书，也可以独立观看视频演示，像看电影一样进行学习，让整个过程既轻松又高效。

（5）800多张图片全程图解。本书采用800多张图片，对软件的技术与实例的讲解进行全程式的图解，通过大量的辅助图片，让实例内容变得更加通俗易懂，读者可以一目了然，快速领会所学知识，从而提高学习效率，且印象更加深刻、深远。

本书由李佳阳（哈尔滨石油学院）、胡素娟（江西旅游商贸职业学院）和陈小进（遵义市播州区中等职业学校）担任主编，由李璘（四川文化艺术学院）、刘畅（邯郸学院影视学院）和方艳巍（银川能源学院）担任副主编，由陈小华（安顺城市服务职业学校）担任主审。本书的相关资料和售后服务可扫描封底微信二维码或登录网址 www.bjzzwh.com 下载获得。

由于编者水平有限，书中难免存在的疏漏和不当之处，敬请各位专家及读者不吝赐教。

编 者

目　录

第 1 章　3ds Max 2020 基本知识

第 2 章　软件视图常用操作

第 3 章 选择与编辑 3D 对象

第 4 章 创建与编辑二维图形

第 5 章 创建与编辑三维建模

第 6 章 复制镜像建模对象

第 7 章　设置材质和编辑 3D 建模

第 8 章　应用 2D 与 3D 贴图

第 9 章　设置灯光与摄影机

第 10 章 应用渲染环境特效

第 11 章 创建与设置动画效果

第 12 章 粒子系统与空间扭曲

第 13 章 渲染输出动画对象

第 14 章 综合案例实战

第1章

3ds Max 2020 基本知识

1

3ds Max 2020 是由 Autodesk 公司推出的一款三维建模、动画以及渲染软件，广泛应用于建筑和动画设计等领域。本章主要针对 3ds Max 2020 的一些入门操作进行介绍，包括 3ds Max 2020 的启动与退出、界面构成以及文件的基本操作等。

本章重点

- ➢ 认识 3ds Max 2020
- ➢ 启动与退出 3ds Max 2020
- ➢ 3ds Max 2020 的界面构成
- ➢ 首选项的基本设置
- ➢ 文件的基本操作

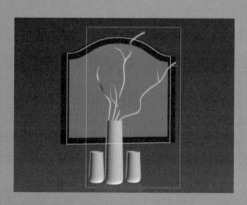

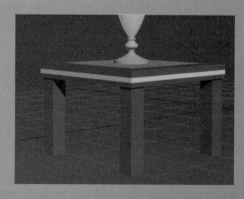

1.1　认识 3ds Max 2020

3ds Max 2020 是一款三维制作软件，提供了建筑设计、游戏开发及电影视觉特效的制作工具，在使用之前需要先了解它的一些基本知识，如新增功能、环境要求和应用领域等，有助于以后对制作三维模型的建筑和动画设计有全方位的把握。

1.1.1　3ds Max 2020 新增功能

在现代社会中，各方面都存在优胜劣汰的现象，所以 Autodesk 公司也在不断地改进 3ds Max 软件。因此，在每一次 3ds Max 软件的改版升级中，都有新的功能补充进来。下面介绍一些 3ds Max 2020 的新增功能。

1．切角修改器改进

3ds Max 2020 改进了切角修改器的界面，包括固定权重切角、加权切角、端点偏移、深度等功能，而且还可以创建预设以保存喜欢的设置。

2．OSL 明暗器

3ds Max 2020 对 OSL 明暗器进行了升级，增加了贴图在视口窗口中的展现形式，新的明暗器包括颜色空间、衰减、半色调、随机索引等功能。

3．热键编辑器

新的热键编辑器可以使用户轻松查看和更改现有的键盘快捷键，以及保存和加载自定义的热键集。

4．浮动视口

3ds Max 2020 最多可以浮动显示三个完全正常工作的视口窗口，并且可以单独配置，可以利用多监视器设置，实现更灵活的工作方式。

5．导入 SketchUp 文件

3ds Max 2020 的导入器可以导入任何版本的 SketchUp 文件，同时还可以保持与后面的新版本的兼容性，而旧版本的导入器则只能导入 SketchUp 2014 及更早版本的文件。

6．与显示模式同步

3ds Max 2020 采用新的视口背景模式，能够与显示模式同步，并自动使用环境背景。如果环境背景为黑色，则会显示渐变背景，但某些显示模式例外。

7．MAXtoA 改进

Arnold 的版本进行了更新，现在视口中能够支持 Arnold 灯光，而且 Arnold 程序和 Alembic 对象也具有视口表示功能。另外，3ds Max 2020 的 Arnold Alembic 对象支持层信息，可以在

Active Shade 中更改渲染设置，以及使用 shader_override 节点时可以同时覆盖场景中的所有明暗器。

1.1.2　3ds Max 2020 环境要求

随着版本的不断升级，3ds Max 软件对硬件和系统的要求也会随之提高，要想正确地安装与使用 3ds Max 2020，至少要满足以下硬件配置要求。

（1）操作系统：3ds Max 2020 软件至少需要具有 64 位硬件的系统，包括 Microsoft® Windows® 7（SP1）、Windows 8、Windows 8.1 和 Windows10 Professional 操作系统。

（2）浏览器：Autodesk 建议使用相关 Web 浏览器的最新版本来访问联机补充内容，如 Microsoft® Edge、Google Chrome™、Microsoft® Internet Explorer®以及 Mozilla® Firefox®等。

（3）CPU：支持 SSE4.2 指令集的 64 位 Intel®或 AMD®多核处理器。

（4）显卡硬件：最低显卡硬件要求为显存 2 GB 以上的独立显卡。

（5）RAM：至少 4 GB RAM，建议使用 8 GB 或更大空间。

（6）磁盘空间：9 GB 可用磁盘空间，主要用于安装软件。

（7）指针设备：三键鼠标。

1.1.3　3ds Max 2020 应用领域

由于 3ds Max 2020 具有使用方便、功能强大以及上手较快等特点，被广泛应用于广告影视、工业设计、建筑设计、多媒体制作、辅助教学以及工程可视化等诸多领域。下面介绍 3ds Max 2020 的应用领域。

1．广告动画

广告动画是指以动画形式制作的电视广告，目前已经成为各厂商喜爱的一种商品促销方式。这样不仅能突出商品的特殊画面及立体效果，还能吸引观众，达到产品推广的目的，如图 1-1 所示。

2．产品造型设计

在产品造型设计中也经常使用 3ds Max 2020，它可以极大地拓展设计师的思维空间，通过 3ds Max 2020 对产品进行造型设计，可以真实地模拟出产品的材质、造型和外观等特性，如图 1-2 所示。

图 1-1　广告动画

图 1-2　产品造型设计

3. 建筑设计

建筑设计是 3ds Max 2020 在国内应用最为广泛的领域，该软件同时拥有光影跟踪、光能传递和效果渲染等功能，能够让设计师快捷准确地表现建筑设计，如图 1-3 所示。

图 1-3 室内建筑设计

4. 游戏角色设计

3ds Max 2020 自身的特点使其成为全球范围内应用最为广泛的游戏角色设计与制作软件之一，除了可以制作游戏角色外，还可以制作游戏场景，如图 1-4 所示。

图 1-4 游戏角色设计

5. 影视特效

使用 3ds Max 2020 的三维动画功能制作的影视特效具有较好的立体感，写实能力强，表现力也非常丰富，能产生惊人的真实效果，如图 1-5 所示。

图 1-5 影视特效

6. 虚拟场景

在游戏中经常制作虚拟场景，3ds Max 2020 可以使游戏的效果和场景更加真实，更有意境，如图 1-6 所示。

图 1-6　虚拟场景效果

1.2　启动与退出 3ds Max 2020

在运用 3ds Max 2020 进行建模或制作动画之前，首先要学习一些最基本的操作：启动与退出 3ds Max 2020 程序。本节主要介绍启动和退出 3ds Max 2020 的操作方法。

1.2.1　启动 3ds Max 2020

安装好 3ds Max 2020 后，要使用软件创建和编辑模型，首先需要启动软件。下面介绍启动 3ds Max 2020 软件的操作步骤。

启动 3ds Max 2020

Step 01　双击桌面上的 3ds Max 2020 程序图标，如图 1-7 所示。

Step 02　弹出 3ds Max 2020 程序启动界面，显示程序启动信息，如图 1-8 所示。

图 1-7　双击桌面图标

图 1-8　显示程序启动信息

Step 03　程序启动后，将弹出 3ds Max 2020 的欢迎屏幕，如图 1-9 所示。

Step 04　单击"关闭"按钮，即可启动 3ds Max 2020 应用程序，如图 1-10 所示。

图 1-9   3ds Max 2020 的欢迎屏幕

图 1-10   启动 3ds Max 2020 应用程序

▶ 专家指点

除了运用上述方法可以启动 3ds Max 2020 外，还有以下两种方法。

➤　程序菜单：单击"开始"按钮，在弹出的"开始"菜单中单击"所有程序"| Autodesk |
　　Autodesk 3ds Max 2020 | 3ds Max 2020 命令。

➤　文件：在 max 格式的 3ds Max 文件上，双击鼠标左键即可。

安装完 3ds Max 2020 后，首次启动应用程序时，将弹出 3ds Max 2020 的欢迎屏幕。取
消选中"在启动时显示此欢迎屏幕"复选框，此后启动 3ds Max 2020 时，将不再弹出该界
面。另外，首次启动会比较慢。

1.2.2　退出 3ds Max 2020

当建模完成后，不再需要使用 3ds Max 2020，则可以退出该程序。单击界面左上角的"文
件"命令，在弹出的子菜单中，单击"退出"命令，如图 1-11 所示。执行上述操作后，即可
退出 3ds Max 2020 应用程序。

若在工作界面中进行了部分操作，之前也未保存，在退出该软件时，将弹出"3ds Max 2020
即将退出"对话框，如图 1-12 所示。单击"另存为"按钮，将保存文件；单击"退出且不保
存"按钮，将不保存文件并退出。

图 1-11   单击"退出"命令

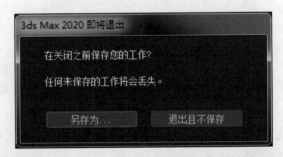

图 1-12   "3ds Max 2020 即将退出"对话框

▶ 专家指点

除了运用上述方法可以退出 3ds Max 2020 外，还有以下三种方法。

- 按钮：单击标题栏右侧的“关闭”按钮。
- 快捷键：按【Alt + F4】组合键。
- 选项：将鼠标指针置于 3ds Max 2020 的标题栏上，单击鼠标右键，在弹出的快捷菜单中选择“关闭”选项。

1.3　3ds Max 2020 的界面构成

3ds Max 2020 虽然功能复杂，操作命令繁多，但是每一个命令、按钮和面板都安排得井然有序，使用户能够快速找到相应功能的命令、面板和按钮。本节主要介绍 3ds Max 2020 工作界面的基础知识。

1.3.1　工作界面

启动 3ds Max 2020 程序后，进入工作界面，如图 1-13 所示，各组成部分功能大致分为标题栏、菜单栏、主工具区、工作视图区、视图控制区、命令面板区、动画控制区、状态栏以及建模工具集。

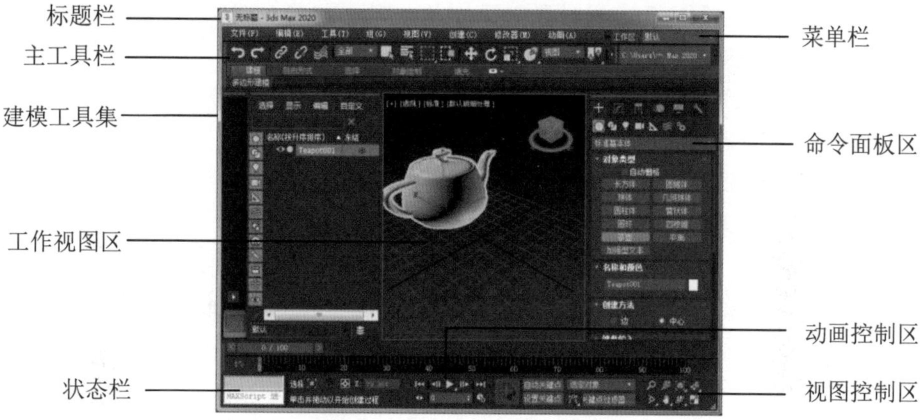

图 1-13　3ds Max 2020 工作界面

1.3.2　标题栏

标题栏主要显示当前编辑的文件名称和软件标题名称，以及具有最小化窗口、最大化窗口和关闭软件等功能，如图 1-14 所示。

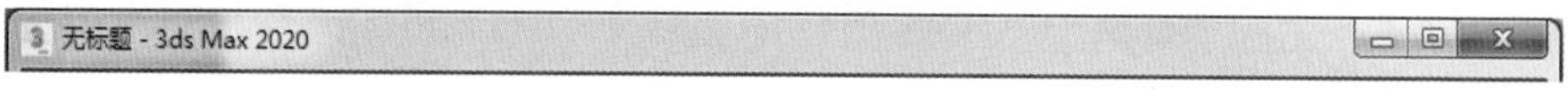

图 1-14　标题栏

1.3.3 菜单栏

菜单栏位于标题栏的下方，包括"文件""编辑""工具""组"和"视图"等十七个菜单，单击任意一个菜单项都会弹出相应命令。3ds Max 2020 中的绝大部分功能都可以通过菜单栏中的命令来实现，如图 1-15 所示。具体内容如下。

图 1-15 菜单栏

> 文件：单击"文件"菜单可以在弹出的下级菜单中执行新建、打开、保存、导出、项目以及退出等一系列针对文件的命令。

> 编辑：用来选择和编辑场景对象（如恢复、暂存、删除、复制和选择对象等），也可以在"编辑"菜单中撤销和重复最新使用的命令。其中一些命令在工具栏上也有相应的工具按钮，若要执行该命令，单击工具栏上的按钮即可。

> 工具：该菜单主要用于提供各种各样的工具。

> 组：该菜单主要用于处理群组和非群组对象。

> 视图：该菜单主要用于控制视图和窗口的显示方式。

> 创建：该菜单主要用于创建各种不同的三维对象，其子菜单与"创建"面板的命令相对应。

> 修改器：该菜单主要用于编辑和修改对象，与"修改"面板功能相同。

> 动画：该菜单主要用于设置对象动画，提供了一组有关动画、约束、控制器以及反向运动学解算器的子菜单命令。

> 图形编辑器：该菜单主要用于管理场景及其层次、动画的图表子窗口，主要包括轨迹视图和图解视图两部分内容。

> 渲染：该菜单主要用于渲染场景、设置环境和渲染效果等。

> Civil View：该菜单主要用于初始化 Civil View。

> 自定义：该菜单主要用于自定义 3ds Max 的界面，利用其中的命令可以设置快捷键、工具栏和四元菜单等。其中，"首选项"命令可以对 3ds Max 自定义参数进行设定。

> 脚本：该菜单主要用于处理脚本的命令，如新建脚本、打开脚本以及运行脚本等。其中，脚本是用来完成一定功能的命令语言。

> Interactive：该菜单主要用于获得 3ds Max Interactive，可以从 Autodesk 账户下载 3ds Max Interactive 程序。需要注意的是，运行 3ds Max Interactive 需要 3ds Max 2018.1 或更新版本。

> 内容：该菜单主要用于启动 3ds Max 资源库。

> Arnold：该菜单主要用于刷新缓存和运算符图。注意，Arnold for 3ds Max（MAXtoA）包含在 3ds Max 的默认安装中，可用于支持从界面进行交互式渲染。

> 帮助：该菜单主要用于打开 3ds Max 中一些帮助菜单命令，包括新增功能、插件帮助和教程等。

单击菜单名称，在弹出的菜单中列出了很多命令，有些命令后面有不同的符号，这些不同符号的意义如下。

- ➢ 命令名称后的省略号（...）表示选择该命令后，将出现一个对话框，如"对象属性"命令。
- ➢ 命令名称后的右向三角形▶表示选择该命令后，将出现一个子菜单，如"创建基本体"命令。
- ➢ 如果命令有快捷键，则将会显示在命令名称的右侧，如"删除"命令的快捷键为【Delete】。

1.3.4 主工具栏

主工具栏位于 3ds Max 2020 菜单栏的下方。通过主工具栏可以快速访问 3ds Max 中很多常见任务的工具和对话框，其中包括撤消、重做、选择并链接、断开当前选择链接、绑定到空间扭曲以及选择对象等功能按钮，如图 1-16 所示。

图 1-16 主工具栏

将光标放在工具栏上，会自动出现此工具按钮的功能提示文字。在分辨率较小的屏幕上，工具栏不能完全显示，可以将光标从按钮上移开，当光标变为手形时，按住鼠标左键向左侧或右侧拖曳，就可以看到隐藏的工具按钮。此操作也可用于显示其他不能完全显示的命令窗口。按【Alt＋6】组合键即可快速隐藏工具栏。

还有一些常用工具没有出现在主工具栏中，如轴约束和附加等工具。此时，可以在主工具栏的空白处单击鼠标右键，在弹出的快捷菜单中选择"轴约束"选项或"附加"选项，即可显示相应工具栏。

1.3.5 工作视图区

工作视图区位于 3ds Max 2020 界面中部左侧，它占据了屏幕的大部分空间，可以从不同的角度、以不同的显示方式观察场景。默认的设置是透视视图，可以从任意角度显示场景，如图 1-17 所示。其余的视图是当前设置的正投影视图，分别是顶视图、前视图和左视图。

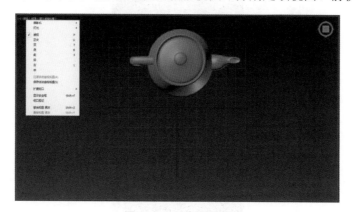

图 1-17 工作视图区

1.3.6　视图控制区

视图控制区位于工作界面的右下角，控制区中的工具按钮用于对各个视图进行显示控制，如图 1-18 所示，使用这些工具可以改变场景的观察效果，但不可以改变场景中的对象。

图 1-18　视图控制区

❶ 缩放🔍：该按钮用于缩放当前视图，包括透视图。

❷ 缩放所有视图🔍：该按钮用于缩放所有视图区的视图。

❸ 最大化显示选定对象📦：该按钮用于缩放当前视图到场景范围之内。

❹ 所有视图最大化显示选定对象📦：该按钮用于全视图缩放，类似于"最大化显示"按钮，只是应用于所有视图中。

❺ 缩放区域📷：在正交视图内，由光标拖动指定区域后，并缩放该区域。

❻ 平移视图✋：单击该按钮，可以控制视图平移。

❼ 环绕🪐：以当前视图为中心，在三维方向旋转视图，常对透视图使用这个按钮。

❽ 最大化视口切换📐：当前视口最大化和恢复原貌的切换按钮。

1.3.7　命令面板区

命令面板区位于软件界面的右侧，使用命令面板区可以访问 3ds Max 2020 的大多数建模功能，以及一些动画功能、显示和选择其他工具。

命令面板区由六个界面面板组成，其中包括"创建"面板、"修改"面板、"层次"面板、"运动"面板、"显示"面板以及"实用程序"面板。可以通过单击相应图标在不同的命令面板之间进行切换，当切换到一个命令面板后，在其下方就会显示该命令对应的参数，如图 1-19 所示。

图 1-19　命令面板区

❶ 创建➕：用于创建各种图形、实体、粒子系统、灯光和摄影机等。

❷ 修改☑：用于存取和改变被选定对象的参数。可以使用不同的修改器，也可以访问修改器堆栈。

❸ 层次▦：用于创建反向运动和产生动画的几何体的层级。

❹ 运动◐：可以将一些参数或轨迹运动控制器赋给一个对象，也可以将一个对象的运动路径变为样条曲线或将样条曲线变为一个路径。

❺ 显示▬：用于控制 3ds Max 2020 中的任意物体的显示，包括隐藏、消除隐藏及优化显示等。

❻ 实用程序🔧：用于访问实用程序，如透视匹配、运动捕捉等。

1.3.8　动画控制区

动画控制区位于状态栏和视图导航控件之间，用于在视图中控制动画的播放，包含一个动画时间滑条、"关键帧设置"按钮和七个控制按钮，如图 1-20 所示。

图 1-20　动画控制区

❶ 转至开头◄◄：用于移动到激活时间段的第一帧。

❷ 上一帧◄ǁ：用于移动到前一帧或前一个关键帧。

❸ 播放动画▶：这是下拉式按钮，可以播过设置的动画或播放选择对象。

❹ 下一帧ǁ▶：用于移动到下一帧或下一个关键帧。

❺ 转至结尾▶▶：用于移动到激活时间段的最后一帧。

❻ 时间配置⏱：单击该按钮后，将弹出"时间配置"对话框，用于设置动画的时间长度以及动画制式等。

在制作动画时需要制作关键帧，因此需要确定整个视图目前处于哪一帧。这些控制图标可以用来查看动画，并在当前激活时间段中设置帧数。

1.3.9　状态栏

状态栏位于界面的左下角，显示了有关场景和活动命令的提示与状态信息。该区域也是坐标显示区域，可以在此输入数值，从而调整坐标值，如图 1-21 所示。

图 1-21　状态栏

1.3.10　建模工具集

建模工具集代表一种用于编辑网格和多边形对象的新范例，具有基于上下文的自定义界面，该界面提供了完全特定于建模任务的所有工具，且仅在需要相关参数时才会提供对应的访问权限，从而最大限度地减少了屏幕上的杂乱现象。

建模工具集中的控件包括所有现有的编辑和可编辑多边形工具，以及大量用于创建和编辑几何体的新工具，界面如图 1-22 所示。

图 1-22　建模工具集

建模工具集采用工具栏形式，可通过水平或垂直配置模式浮动或停靠在工作界面中。此工具栏包含"建模""自由形式""选择""对象绘制"和"填充"五个选项卡。

❶ 建模：该选项卡中包含最常用的多边形建模工具，它被分成若干不同的面板，可方便快捷地进行访问。

❷ 自由形式：该选项卡用于提供徒手创建和修改多边形几何体的工具。

❸ 选择：该选项卡提供了专门用于子对象选择的各种工具。

❹ 对象绘制：该选项卡中包括了绘制对象和笔刷设置两个功能。

❺ 填充：该选项卡中包含了定义流、定义空闲区域、模拟、显示和编辑选定对象等功能，使用这些控件可以创建和编辑流。

1.4　首选项的基本设置

3ds Max 2020 提供了很多用于显示和操作的选项，这些选项位于"首选项设置"对话框的一系列标签面板中。本节主要介绍单位、自动备份文件、最近打开的文件数量、默认环境灯光颜色以及在渲染时播放声音的设置方法。

1.4.1　设置单位

设置单位是绘图的首要环节，同时也是至关重要的一个环节。合理的单位设置不仅能提高工作效率，也能避免很多错误。下面介绍设置单位的操作步骤。

设置单位

> ▶ **专家指点**
>
> 　　在"单位设置"对话框中，选中"公制"单选按钮后，可以在列表框中选择毫米、厘米、米和千米四个公制单位。选中"美国标准"单选按钮后，可以选择美国单位；选中"自定义"单选按钮后，可以填充字段来定义度量的自定义单位；选中"通用单位"单选按钮后，可以采用通用或"系统"单位（1 英寸）。可以将其视为自己定义的任意单位，除非场景使用依赖真实度量值的功能，如光度学灯光、位图的"使用真实比例"等。

Step 01　在菜单栏中，单击"自定义"|"单位设置"命令，如图 1-23 所示。

Step 02　弹出"单位设置"对话框，在"公制"列表框中选择"厘米"选项，如图 1-24 所示。

图 1-23　单击"单位设置"命令　　　　图 1-24　"单位设置"对话框

Step 03　单击"确定"按钮，即可完成单位的设置。

1.4.2　设置自动备份文件

在 3ds Max 2020 中，可以设置自动备份的文件夹路径以及名称，方便以后在查找文件时，能够更加快捷地找到文件。

在菜单栏中，单击"自定义"|"首选项"命令，如图 1-25 所示。执行上述操作后，弹出"首选项设置"对话框，切换至"文件"选项卡。在"自动备份文件名"文本框中输入 AutoBackup，如图 1-26 所示。单击"确定"按钮，即可设置自动备份文件名。

图 1-25　单击"首选项"命令　　　　图 1-26　"首选项设置"对话框

1.4.3 设置最近打开的文件数量

在 3ds Max 2020 中，可根据需要设置最近打开的文件数量，软件可以自动记录文件的保存路径，从而能够快速打开之前的文件。

在菜单栏中，单击"自定义"|"首选项"命令，弹出"首选项设置"对话框，如图 1-27 所示。切换至"文件"选项卡，在"文件菜单中最近打开的文件"数值框中输入 5，如图 1-28 所示。单击"确定"按钮，即可设置最近打开的文件数量为 5。

图 1-27　"首选项设置"对话框　　　　　图 1-28　设置参数值

1.4.4 设置默认环境灯光颜色

在 3ds Max 2020 的灯光场景中，为了更好地渲染出对象的效果，可以更改环境灯光颜色完成渲染效果。下面介绍设置默认环境灯光颜色的操作步骤。

设置默认环境灯光颜色

Step 01 在菜单栏中，单击"自定义"|"首选项"命令，弹出"首选项设置"对话框，❶切换至"渲染"选项卡；❷单击"默认环境灯光颜色"色块，如图 1-29 所示。

Step 02 执行上述操作后，弹出"颜色选择器：默认环境光颜色"对话框，设置相应的参数（RGB 参数分别为 255、0、175），如图 1-30 所示。

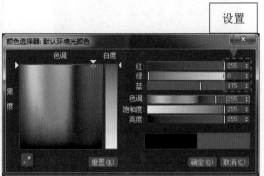

图 1-29　单击"默认环境灯光颜色"色块　　　　　图 1-30　设置各参数值

Step 03　单击"确定"按钮，返回"首选项设置"对话框，单击"确定"按钮，即可设置默认环境灯光颜色。

1.4.5　设置在渲染时播放声音

设置在渲染时播放声音

在场景进行渲染时播放声音，也是首选项的一项基本操作，可根据需要选择播放的声音文件。下面介绍设置在渲染时播放声音的操作步骤。

Step 01　在菜单栏中，单击"自定义"|"首选项"命令，弹出"首选项设置"对话框，❶切换至"渲染"选项卡；❷选中"播放声音"复选框；❸单击"选择声音"按钮，如图 1-31 所示。

Step 02　弹出"打开声音"对话框，选择需要播放的音乐文件（资源\素材\第 1 章\音乐.mp3），如图 1-32 所示。

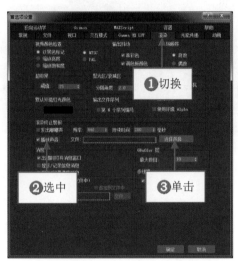

图 1-31　选中"播放声音"复选框

图 1-32　选择音乐文件

Step 03　单击"打开"按钮，即可设置在渲染时播放声音。

> ▶ **专家指点**
>
> 　　在"打开声音"对话框中，"文件类型"的格式一般是 avi 和 wave 两种。但在一些大型的场景中，考虑到渲染速度慢的原因，3ds Max 2020 系统默认设置是没有开启渲染时播放声音的。

1.5　文件的基本操作

在运用 3ds Max 2020 进行建模之前，首先要熟悉文件的基本操作，如新建场景、打开场景、保存场景以及导入场景等。本节主要介绍文件的新建、保存、导入以及导出的基本操作。

1.5.1 新建文件

启动 3ds Max 2020 后，系统会自动新建一个场景文件。如果已经打开了文件或正在编辑对象，需要一个新的场景，此时可以重新创建一个新的文件。

在菜单栏中，单击"文件"|"新建"|"新建全部"命令，如图 1-33 所示。执行上述操作后，即可清除当前场景中的内容，并新建一个空白场景，如图 1-34 所示。

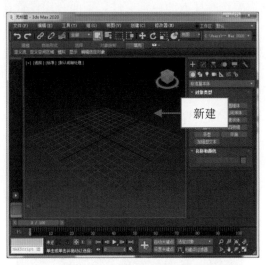

图 1-33 单击"新建全部"命令　　　　图 1-34 新建一个空白场景

1.5.2 保存文件

通常，默认情况下 3ds Max 2020 是以.max 格式保存文件的。在实际建模中，可根据需要，选择其他的格式对文件进行保存。在菜单栏中，单击"文件"|"保存"命令，如图 1-35 所示。弹出"文件另存为"对话框，设置文件名和保存路径，单击"保存"按钮，如图 1-36 所示，即可保存文件。

图 1-35 单击"保存"命令　　　　图 1-36 "文件另存为"对话框

> ▶ **专家指点**
>
> 除了运用上述方法可以保存文件外，还有以下两种快捷键可以快速打开和保存文件。
>
> ➢ 打开文件的快捷键：按【Ctrl + O】组合键。
>
> ➢ 保存文件的快捷键：按【Ctrl + S】组合键。

1.5.3　导入文件

导入文件

导入文件是 3ds Max 与其他软件之间相互转换数据的一种通道。在 3ds Max 2020 中，只能打开"（.max）"格式的文件，但是通过"导入"命令，可以在 3ds Max 2020 中打开很多的其他非 3d 软件的文件格式，如.3DS、.PRJ、.SHP、.AI、.DWG、.DXF、.IPT、.IAM、.FBX、.HIR 以及.SYL 等文件格式。下面介绍导入文件的操作步骤。

Step 01 在菜单栏中，单击"文件"｜"导入"｜"导入"命令，如图 1-37 所示。

Step 02 弹出"选择要导入的文件"对话框，选择需要导入的文件（资源\素材\第 1 章\干花.3DS），如图 1-38 所示。

图 1-37　单击"导入"命令

图 1-38　选择需要导入的文件

Step 03 单击"打开"按钮，弹出"3DS 导入"对话框，如图 1-39 所示。

Step 04 单击"确定"按钮，即可导入文件，如图 1-40 所示。

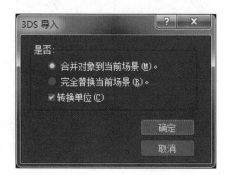

图 1-39　弹出"3DS 导入"对话框

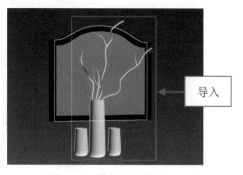

图 1-40　导入文件效果

▶ 专家指点

在 "3DS 导入" 对话框中，各主要选项的含义如下。

➤ 合并对象到当前场景：该单选按钮可以将导入的数据与当前场景合并。

➤ 完全替换当前场景：该单选按钮可以用导入的数据完全替换当前场景。

1.5.4 导出文件

导出文件

可以将 3ds Max 2020 中的模型导出或保存为不同的文件格式，导出文件与导入文件一样，也是与其他软件之间相互转换数据的通道。下面介绍导出文件的操作步骤。

Step 01 按【Ctrl + O】组合键，打开素材模型（资源\素材\第 1 章\装饰品.max），如图 1-41 所示。

Step 02 在菜单栏中，单击 "文件" | "导出" | "导出" 命令，如图 1-42 所示。

图 1-41　打开素材模型

图 1-42　单击 "导出" 命令

Step 03 弹出 "选择要导出的文件" 对话框，在 "文件名" 文本框中输入 "装饰品"，如图 1-43 所示，设置导出路径和保存类型。

Step 04 单击 "保存" 按钮，弹出 "FBX 导出" 对话框，单击 "确定" 按钮，如图 1-44 所示，即可导出文件。

图 1-43　输入文件名

图 1-44　单击 "确定" 按钮

本章小结

本章主要介绍 3ds Max 2020 的相关基础知识，帮助读者掌握一些 3ds Max 2020 的首选项设置方法，以及新建和导出文件等基本操作。通过本章的学习，希望读者能够很好地掌握 3ds Max 2020 的基本操作。

课后习题

课后习题

鉴于本章知识的重要性，为了帮助读者更好地掌握所学知识，本节将通过上机习题，帮助读者进行简单的知识回顾和补充。

本习题需要掌握在 3ds Max 2020 中打开图形文件的操作方法，效果如图 1-45 所示。

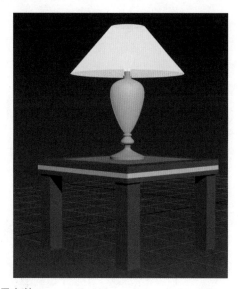

图 1-45 效果文件

第2章
软件视图常用操作

3ds Max 2020 是一个功能复杂且强大的三维动画设计和制作软件，若想使它高效地完成建模、调整和渲染等工作，首先需要学习和理解 3ds Max 2020 的工作方式。本章将讲解 3ds Max 2020 的一些常用操作，以便快速进入 3ds Max 2020 的三维制作世界。

本章重点

➢ 控制场景视图区域
➢ 更改视口布局
➢ 管理视图显示
➢ 编辑层管理器

2.1　控制场景视图区域

视图是 3ds Max 2020 的工作区，可以利用各个视图来观察和安排对象的位置。下面介绍控制场景视图区域的操作方法。

2.1.1　激活视图

激活视图就是选择视图，将其确认为当前视图，当前视图只能有一个。移动鼠标指针至需要激活的视图中，单击鼠标左键或右键即可激活该视图，当视图被一个黄色边框包围时，说明此视图被激活。

> ▶ **专家指点**
>
> 在 3ds Max 2020 中，顶视图、前视图和左视图都是正投影视图，显示的对象和场景没有近大远小的透视变形效果，因此也被称为正交视图。

2.1.2　变换视图

在 3ds Max 2020 的工作视图中，不同的视图具有不同的显示效果，可以根据显示的需要变换视图。下面介绍变换视图的具体步骤。

变换视图

Step 01　按【Ctrl + O】组合键，打开素材模型（资源\素材\第 2 章\装饰.max），如图 2-1 所示。

Step 02　在透视视图左上角处，单击"透视"按钮，在弹出的列表框中选择"后"选项，如图 2-2 所示。

图 2-1　打开素材模型

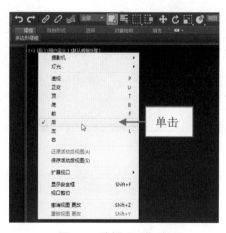

图 2-2　选择"后"选项

> ▶ **专家指点**
>
> 按键盘上的【T】、【F】、【L】、【P】、【B】和【C】键，可以分别切换至顶视图、前视图、左视图、透视图、底视图和摄影机视图。在默认设置中，后视图和右视图没有键盘快捷键。

Step 03 执行上述操作后，即可将透视视图转换为后视图，如图 2-3 所示。

图 2-3　转换为后视图效果

2.1.3　缩放视图

可以根据视图的缩放仔细观察场景，缩放工具可以调整当前视图的放大值或缩小值。直接在视图控制区中，单击"缩放"按钮 ，移动鼠标指针至透视视图中，单击鼠标左键并拖曳对象，即可缩放显示视图。如图 2-4 所示为缩放视图的前后效果对比图。

图 2-4　缩放视图的前后效果对比图

> ▶ 专家指点
>
> 除了运用上述方法缩放视图外，还有以下两种常用的方法。
> ➢　按住【Alt + Z】组合键的同时，按住鼠标左键并拖曳，即可缩放视图。
> ➢　在缩放视图过程中，可以滚动鼠标中键，进行视图的缩放操作。

2.1.4　缩放区域

缩放区域与缩放视图一样，都是控制场景的放大与缩小。不同的是，缩放区域可以只选

择场景中的某一块区域进行缩放。下面介绍缩放区域的操作步骤。

Step 01　按【Ctrl + O】组合键, 打开素材模型 (资源\素材\第 2 章\红酒架.max),
　　　　　如图 2-5 所示。

Step 02　在视图控制区中, 单击 "缩放区域" 按钮 , 如图 2-6 所示。

缩放区域

图 2-5　打开素材模型

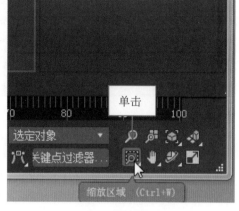

图 2-6　单击 "缩放区域" 按钮

Step 03　移动鼠标指针至透视视图中, 框选要缩放的区域, 如图 2-7 所示。

Step 04　释放鼠标, 即可缩放选定的区域, 如图 2-8 所示。

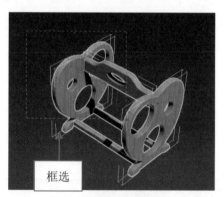

图 2-7　框选缩放区域

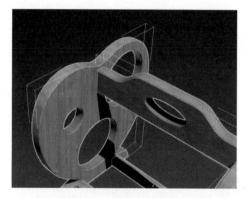

图 2-8　缩放选定的区域

▶ **专家指点**

　　除了运用上述方法可以缩放区域外, 还可以按住【Alt + W】组合键的同时, 按住鼠标
左键并拖曳, 对视图进行区域缩放操作。

2.1.5　旋转视图

　　在 3ds Max 2020 的工作视图中, 可以从多个角度来观察物体, 不同的角度具有不同的效果,
旋转工具可以使视图围绕中心自由旋转。在视图控制区中, 单击 "环绕" 按钮 , 在需要旋转
的视图上, 单击鼠标左键, 即可旋转显示视图。如图 2-9 所示为旋转视图的前后效果对比图。

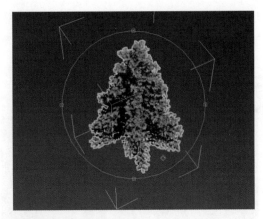

图 2-9　旋转视图的前后效果对比图

▶ 专家指点

　　除了运用上述方法可以旋转视图外，还可以按住【Ctrl＋R】组合键的同时，按住鼠标左键并拖曳，进行旋转视图操作。

2.2　更改视口布局

　　在 3ds Max 2020 界面中，可以根据显示的需要对视图的大小进行调整。本节主要介绍手动更改视口大小、重置视口布局以及配置视口的操作方法。

2.2.1　手动更改视口大小

　　视口的大小可以调整，通过鼠标的拖曳可以自行更改，以满足在使用 3ds Max 2020 时的观察需要。将鼠标指针移至视口边缘上，如图 2-10 所示。当鼠标指针呈双向箭头形状时，按住鼠标左键并向上拖曳，即可手动更改视口大小，效果如图 2-11 所示。

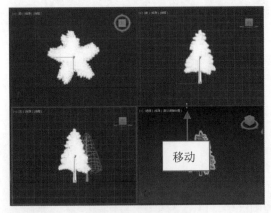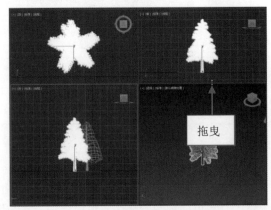

图 2-10　移动鼠标指针　　　　　　　图 2-11　手动更改视口大小

当鼠标放置在视口与视口的交界处，鼠标指针呈左右双向箭头形状 ◀━▶ 时，拖曳鼠标左键，即可向左或向右调整视口的大小；当鼠标指针呈十字箭头形状 ✛ 时，拖曳鼠标左键，即可向上下左右同时调整视口大小。

2.2.2　重置视口布局

在 3ds Max 2020 中，重置视口布局是指将视口恢复到 3ds Max 2020 的默认布局状态，使用"重置"菜单项与重新启动软件的效果相同。

在菜单栏中，单击"文件"|"重置"命令，如图 2-12 所示。执行上述操作后，弹出提示信息框，如图 2-13 所示。在弹出的提示信息框中单击"是"按钮，即可将视图恢复到默认的视口布局状态。

图 2-12　单击"重置"命令

图 2-13　弹出提示信息框

"重置"命令虽然可以恢复视口布局，但同时也是重置场景。在视图的分隔线上单击鼠标右键，在弹出的快捷菜单中选择"重置布局"选项（也是唯一的选项），即可恢复默认的视口大小，而且是在当前场景中恢复视图的大小布局。

2.2.3　配置视口

通常，默认状态下 3ds Max 2020 中的四个视口大小相等，可以根据需要，重新调整视图的布局。下面介绍配置视口的操作步骤。

配置视口

Step 01　按【Ctrl + O】组合键，打开素材模型（资源\素材\第 2 章\台灯.max），如图 2-14 所示。

Step 02　在菜单栏中，单击"视图"|"视口配置"命令，如图 2-15 所示。

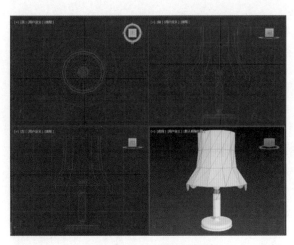

图 2-14　打开素材模型

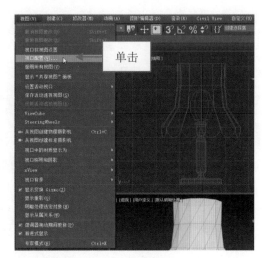

图 2-15　单击"视口配置"命令

Step 03　弹出"视口配置"对话框，①切换至"布局"选项卡；②选择需要重置视口布局的类型，如图 2-16 所示。

Step 04　单击"确定"按钮，即可视口配置，如图 2-17 所示。

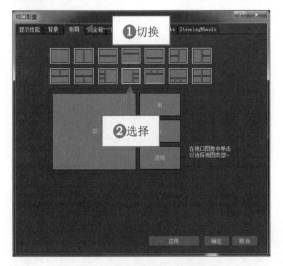

图 2-16　选择重置视口布局的类型

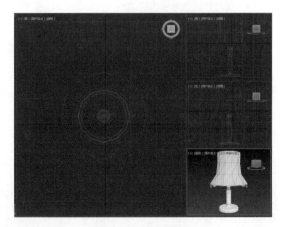

图 2-17　视口配置

▶ 专家指点

　　在"视口配置"对话框中，单击视口类型区域，在弹出的快捷菜单中，可以根据需要选择视图的类型布局。

2.3　管理视图显示

　　3ds Max 2020 中的对象有很多种显示模式，不同的显示模式具有各自的特点。默认状态

下，所有正交视图均采用线框显示模式，透视图采用平滑加高光的显示模式。本节主要介绍
管理视图显示的操作方法。

2.3.1　线框显示

　　线框模式仅显示物体的线框，有利于观察模型的结构和片段数，是网格
对象编辑时必不可少的显示模式。使用线框模式显示模型，可以加快计算机
的显示速度。下面介绍线框显示模型的操作步骤。

线框显示

Step 01　按【Ctrl + O】组合键，打开素材模型（资源\素材\第 2 章\床头柜.max），如图 2-18 所示。

Step 02　移动鼠标指针至透视视图的左上方处，单击"默认明暗处理"按钮，在弹出的列表框中
　　　　选择"线框覆盖"选项，如图 2-19 所示。

图 2-18　打开素材模型

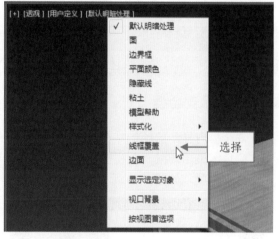

图 2-19　选择"线框覆盖"选项

Step 03　执行上述操作后，即以线框模式显示模型，如图 2-20 所示。

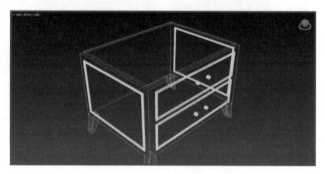

图 2-20　以线框模式显示模型

2.3.2　显示或隐藏栅格

　　通常，默认状态下 3ds Max 2020 中的视口会显示栅格，以作为参考使用；有时为了便于
观察场景，可以隐藏栅格。在视图窗口左上角的 ▣ 图标上，单击鼠标左键，在弹出的列表框

中选择"显示栅格"选项，如图 2-21 所示。执行上述操作后，即可隐藏栅格，如图 2-22 所示。

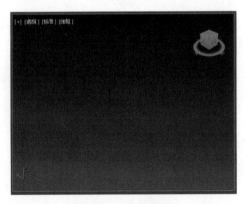

图 2-21　选择"显示栅格"选项　　　　　　　　　图 2-22　隐藏栅格

▶ 专家指点

　　除了运用上述方法可以隐藏或显示栅格外，还可以按【G】键快速显示栅格。

2.3.3　显示安全框

　　安全框内显示的场景是在渲染时视口可见的部分。因此，在渲染之前要显示安全框，以便准确地渲染出场景。在视图左上角的名称上单击鼠标左键，在弹出的列表框中选择"显示安全框"选项，如图 2-23 所示。执行上述操作后，即可显示安全框，如图 2-24 所示。

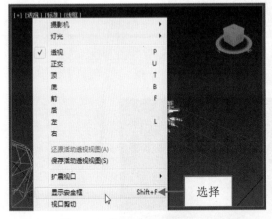

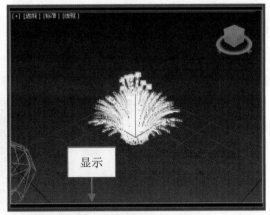

图 2-23　选择"显示安全框"选项　　　　　　　　图 2-24　显示安全框

　　除了运用上述方法可以显示安全框外，还可以按【Shift＋F】组合键，快速显示安全框。

2.3.4　抓取视口

　　抓取视口是指在 3ds Max 2020 的视图中，创建某一个视图图像文件或生成动画序列文件。单击菜单栏中的"工具"|"预览—抓取视口"命令，即可进行相关的操作，如图 2-25 所示。

图 2-25 单击"预览-抓取视口"命令

在"抓取视口"命令菜单中，各主要的子菜单含义如下。

➢ 创建预览动画：可在当前视口中创建用于动画预览的.AVI 文件或自定义文件类型。
➢ 捕获静止图像：在渲染帧窗口中创建活动视口快照，可将快照保存为图像文件。
➢ 播放预览动画：用于播放当前预览的文件。
➢ 预览动画另存为：保存_scene.avi 预览文件。

2.3.5 更改视口背景

在建模的时候经常会用到贴图文件来辅助进行操作，"视口背景"对话框用于控制作为一个视口或所有视口背景的图像或动画的显示。可将此功能用于建模，通过将前、顶或左视图草图放置在对应的视口中来建模；或者使用"视口背景"匹配或对位带有数字摄像机连续镜头的 3D 元素。

单击菜单栏中的"视图" | "视口背景" | "配置视口背景"命令，如图 2-26 所示。弹出"视口配置"对话框，切换至"背景"选项卡，如图 2-27 所示。选中相应的单选按钮，可以设置相应的背景颜色。

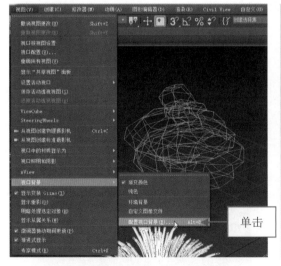

图 2-26 单击"配置视口背景"命令

图 2-27 "背景"选项卡

▶ **专家指点**

在"背景"选项卡中,各主要选项的含义如下。

使用自定义用户界面渐变颜色:选中该单选按钮后,可以将背景显示为渐变。

➤ 使用自定义用户界面纯色:选中该单选按钮后,可以将背景显示为纯色。

➤ 使用环境背景:选中该单选按钮后,可以显示"环境"面板上指定的背景。

➤ 使用文件:选中该单选按钮后,可以仅显示用于视口的图像。

➤ 纵横比:该选项区可以控制视口背景的比例,方法是将其与位图、渲染输出或者视口本身进行匹配。

➤ 动画同步:该选项区可以控制图像序列如何与视口同步,以便进行对位。

➤ 开始处理:该选项区可以确定在开始帧之前视口背景中发生的内容。

➤ 结束处理:该选项区可以确定在最后输入帧之后视口背景中发生的内容。

2.4 编辑层管理器

图层管理器是 3ds Max 2020 中场景的高级管理工具。使用层管理器可以方便地对同类对象进行控制,如创建层、冻结层、禁止渲染层、查看层属性、隐藏层等。本节将详细介绍编辑层管理器的操作方法。

2.4.1 创建层

创建层时,默认情况下,3ds Max 2020 按顺序命名:Layer01、Layer02 以及 Layer03 等。3ds Max 2020 随机指定颜色给所有新层,可以接受默认设置,也可以指定其他颜色。

在主工具栏中单击"切换层资源管理器"按钮，打开"场景资源管理器-层资源管理器"窗口,如图 2-28 所示。单击"新建层"按钮，即可在默认的层下方创建一个新图层,如图 2-29 所示。

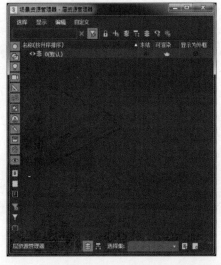

图 2-28　"场景资源管理器-层资源管理器"窗口

创建

图 2-29　创建新图层

2.4.2　冻结层

编辑和特定层相关联的对象时，如果还要查看其他层上的对象而不进行编辑，那么冻结层就非常有用。在冻结层上不能编辑或选择对象，但是如果层处于打开状态，该对象仍然可见，可以使冻结层成为当前层，也可以向冻结层添加新对象。

在"冻结"列中，单击"冻结"按钮，如图 2-30 所示。执行上述操作后，可以对高亮层启用冻结，此时会出现图标，即该层中的所有对象都被冻结，如图 2-31 所示。

图 2-30　单击"冻结"按钮

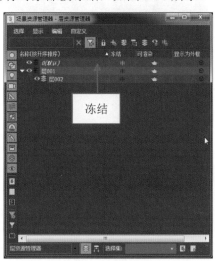

图 2-31　冻结图层效果

2.4.3　禁止渲染层

启用渲染层后，对象会出现在渲染场景中。不可渲染的对象不会投射阴影，也不会影响渲染场景中的可见组件。不可以渲染对象，但是可以操纵场景中其他对象，单击"禁止渲染"按钮，如图 2-32 所示。执行上述操作后，将会禁止渲染所有层的对象，如图 2-33 所示。

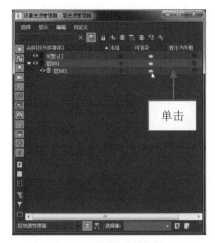

图 2-32　单击"禁止渲染"按钮

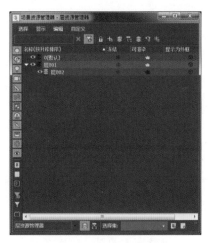

图 2-33　禁止渲染图层

2.4.4 查看层属性

"层属性"对话框可以更改渲染、运动模糊以及显示一个或多个选定层的设置，也可以更改高级照明设置、隐藏和冻结一个或多个选定层。在层名称上单击鼠标右键，在弹出的快捷菜单中选择"属性"选项，即可弹出"层属性"对话框，如图 2-34 所示。

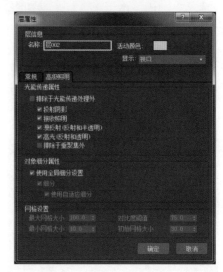

图 2-34   "层属性"对话框

▶ **专家指点**

在"层属性"对话框中，各主要选项的含义如下。

➢ 交互性：包含了隐藏与冻结层的命令。

➢ 显示属性：提供了各种控制功能，用于改变选定层中设置为"按层"的对象的显示属性。

➢ 渲染控制：提供了各种控制功能，用于对选定层中设置为"按层"的对象进行渲染。

➢ 运动模糊：控制选定层中设置为"按层"的对象的运动模糊。

➢ 光能传递属性：光能传递是全局照明的一种方法，光能传递会计算在场景中所有表面间漫反射光的来回反射，要进行该计算。光能传递将考虑场景中的照明、材质以及环境设置。例如，"投射阴影"复选框用于确定选定层上的对象是否投射阴影。

➢ 对象细分属性：提供细分、全局细分以及自适应细分的设置。

➢ 网格设置：提供各种网格设置，仅当"使用全局细分设置"复选框处于取消选中状态并选中了"细分"复选框时，这些设置才可用。

2.4.5 隐藏层

层隐藏起来是不可见的，可以隐藏包含构造或参考信息的层。选中相应的层后，单击"隐藏"按钮◉，如图 2-35 所示。可以对高亮层启用隐藏状态，此时会出现■图标，即该层中的所有对象都被隐藏，如图 2-36 所示。

图 2-35 单击"隐藏"按钮

图 2-36 隐藏层效果

本章小结

本章主要介绍了 3ds Max 2020 的视图常用操作方法，包括控制场景视图区域、更改视口布局、管理视图显示以及编辑层管理器等。通过本章的学习，希望读者能够很好地掌握 3ds Max 2020 的视图操作方法。

课后习题

鉴于本章知识的重要性，为了帮助读者更好地掌握所学知识，本节将通过上机习题，帮助读者进行简单的知识回顾和补充。

课后习题

本习题需要掌握在 3ds Max 2020 中切换前视图的操作方法，如图 2-37 所示。

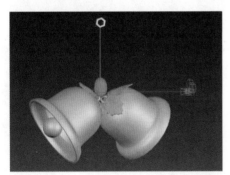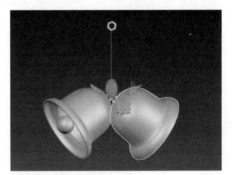

图 2-37 素材与效果文件对比图

第 3 章
选择与编辑 3D 对象

在运用 3ds Max 2020 创建模型之前，首先需要掌握该软件的一些基本操作，为后面创建模型奠定坚实的基础，从而能够得心应手地进行模型的创建。本章主要详细介绍选择与编辑模型对象的操作方法。

本章重点

➢ 选择 3D 对象
➢ 编辑 3D 对象
➢ 管理 3D 对象

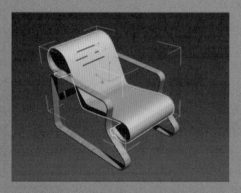

3.1　选择 3D 对象

在任何三维软件的制作中，最常用到的功能就是选择功能。几乎任何操作都会用到它，因为每一步操作都需要确定操作对象，选择操作也成为 3ds Max 2020 中非常重要的一个环节。本节将详细介绍选择 3D 对象的操作方法。

3.1.1　运用选择对象工具选择对象

在 3ds Max 2020 中，可以通过选择对象工具■快速选择对象，下面介绍具体的操作步骤。

运用选择对象工具

Step 01　按【Ctrl + O】组合键，打开素材模型（资源\素材\第 3 章\椅子.max），如图 3-1 所示。

Step 02　在主工具栏上，单击"选择对象"按钮■，如图 3-2 所示。

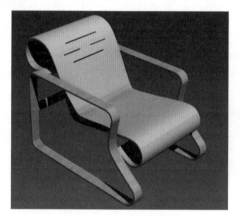

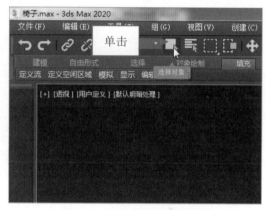

图 3-1　打开素材模型　　　　　　　　图 3-2　单击"选择对象"按钮

Step 03　将鼠标指针移至需要选择的对象上，单击鼠标左键，即可选择对象，此时对象呈白色线框显示，如图 3-3 所示。

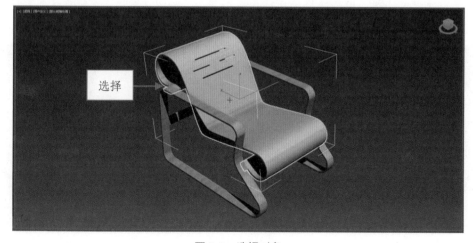

图 3-3　选择对象

> ▶ **专家指点**
>
> 　　如果单击其他的对象，则原来对象的选中状态随即消失，同时新单击的对象呈现被选中状态。如果要选择多个对象，可以在按住【Ctrl】键的同时，依次单击需要选择的对象；如果要取消已选择的对象，可以在按住【Alt】键的同时，单击需要取消选择的对象。

3.1.2 运用区域选择工具选择对象

　　另外一个选取多个对象的方式是运用区域选择工具进行选择。运用该选择方式时，将鼠标指针移至视图中单击并拖出一个区域，然后根据设置决定是选取完全包含在该区域内的对象还是选取该区域接触到的所有对象。在选取对象时，区域选择工具比使用【Ctrl】键要快得多，即使选取单一的对象，也是非常方便的。

　　主工具栏中的"选择区域"按钮是一个复合工具按钮▦，单击工具按钮中的小三角形按钮，即可弹出五个被隐藏的复合工具按钮，如图 3-4 所示。将鼠标指针移至所需选择的工具按钮上单击鼠标左键，该工具被置为当前选择工具按钮。

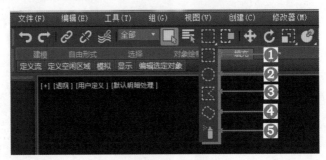

图 3-4　复合工具按钮

五个复合工具按钮的具体介绍如下。

❶ 矩形选择区域▦：用于选择的区域是一个矩形，如图 3-5 所示，所有矩形区域中的对象都将被选中。

❷ 圆形选择区域◉：用于选择的区域是一个圆形，如图 3-6 所示，所有该圆形区域中的对象都将被选中。圆形区域的建立是先选择圆心，然后拖曳鼠标以确定所选区域的半径。

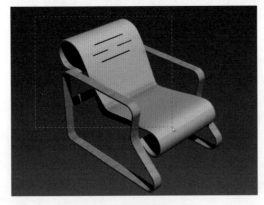

图 3-5　矩形选择区域

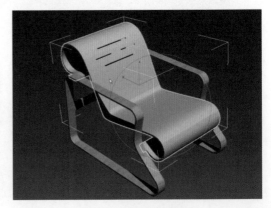

图 3-6　圆形选择区域

❸ 围栏选择区域⬛：用于选择的区域是以通过鼠标指针绘制方式确定的一个规则的多边形，所有在该多边形框中的对象都被选中。

❹ 套索选择区域⬟：用于选择的区域是一个套索形状，所有在套索中的对象都将被选中。选择的过程为：先选择套索的起点，然后拖曳鼠标绘制出所需选择的区域。

❺ 绘制选择区域🖍：可通过将鼠标放在多个对象或子对象之上来选择多个对象或子对象。如果在指定区域时按【Ctrl】键，则影响的对象将被添加到当前选择中。反之，如果在指定区域时按【Alt】键，则影响的对象将从当前选择中移除。

3.1.3　按名称选择对象

当创建一个包含许多对象的复杂场景时，根据对象名称可以快速、准确地选择所需的对象。下面介绍按名称选择对象的操作步骤。

按名称选择对象

Step 01 按【Ctrl + O】组合键，打开素材模型（资源\素材\第 3 章\枕头.max），如图 3-7 所示。

Step 02 单击主工具栏中的"按名称选择"按钮▤，如图 3-8 所示。

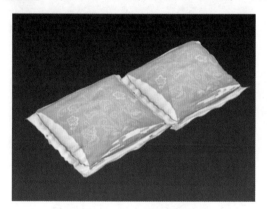

图 3-7　打开素材模型

图 3-8　单击"按名称选择"按钮

Step 03 弹出"从场景选择"对话框，在"名称"列表框中选择相应选项，如图 3-9 所示。

Step 04 单击"确定"按钮，即可按名称选择对象，如图 3-10 所示。

图 3-9　选择相应选项

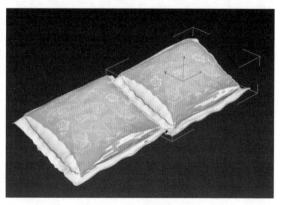

图 3-10　按名称选择对象

除了运用上述方法可以弹出"从场景选择"对话框外，还有以下两种方法。

➢ 快捷键：按【H】键。

➢ 命令：单击菜单栏中的"编辑"|"选择方式"|"名称"命令。

3.1.4 按颜色选择对象

当创建一个包含许多对象的复杂场景时，可以根据颜色准确地选择所需的对象。下面介绍按颜色选择对象的操作步骤。

按颜色选择对象

Step01 按【Ctrl + O】组合键，打开素材模型（资源\素材\第 3 章\灯具.max），如图 3-11 所示。

Step02 在菜单栏中，单击"编辑"|"选择方式"|"颜色"命令，如图 3-12 所示。

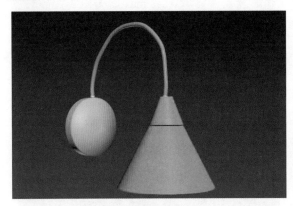

图 3-11 打开素材模型

图 3-12 单击"颜色"命令

Step03 移动鼠标至透视视图中的灯罩对象处，此时鼠标指针呈形状，如图 3-13 所示。

Step04 单击鼠标左键，即可选择相同颜色的对象，且选中对象出现一个白色线框，如图 3-14 所示。

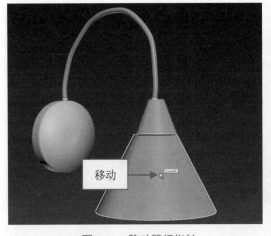

图 3-13 移动鼠标指针

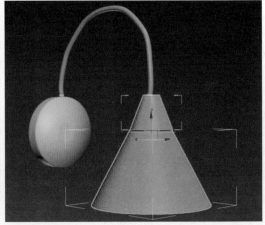

图 3-14 按颜色选择对象

3.1.5 变换工具选择对象

一些变换工具也具有选择功能，如选择并移动工具✣、选择并旋转工具◐以及选择并放置工具◐。使用这些工具单击对象，即可将对象选中，并对选中的对象进行移动、旋转和放置等操作。

3.1.6 按材质选择对象

当场景中包含同样材质的多个对象时，可以通过材质选取具有相同材质的对象。下面介绍按材质选择对象的操作步骤。

按材质选择对象

Step 01 按【Ctrl + O】组合键，打开素材模型（资源\素材\第 3 章\抱枕.max），如图 3-15 所示。

Step 02 单击主工具栏中的"材质编辑器"按钮▣，弹出"材质编辑器"对话框，❶选择相应的材质球；❷单击"按材质选择"按钮✦，如图 3-16 所示。

图 3-15 打开素材模型

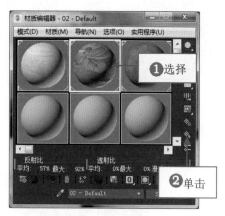

图 3-16 单击"按材质选择"按钮

Step 03 弹出"选择对象"对话框，单击"选择"按钮，如图 3-17 所示。

Step 04 执行上述操作后，即可按材质选择对象，如图 3-18 所示。

图 3-17 单击"选择"按钮

图 3-18 按材质选择对象

3.1.7 运用过滤器选择对象

在 3ds Max 2020 中，还可以按照对象本身的性质进行选择，即运用过
滤器选择对象。下面介绍运用过滤器选择对象的操作步骤。

运用过滤器选择对象

Step 01 按【Ctrl + O】组合键，打开素材模型（资源\素材\第 3 章\植物.max），如图 3-19 所示。

Step 02 单击主工具栏中的"选择过滤器"右侧的下拉按钮，在弹出的列表框中选择"L-灯光"
选项，如图 3-20 所示。

图 3-19　打开素材模型　　　　　　图 3-20　选择"L-灯光"选项

Step 03 移动鼠标指针至透视视图中，框选所有的对象，即可选择其中的灯光对象，如图 3-21
所示。

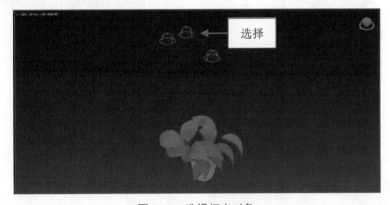

图 3-21　选择灯光对象

3.2　编辑 3D 对象

在 3ds Max 2020 中，大多数的操作都需要通过编辑对象才能实现。因此可以通过 3ds Max
2020 提供的多种编辑对象的命令和工具进行对象编辑操作。本节主要介绍移动对象、旋转对
象、缩放对象以及隐藏对象等操作方法。

3.2.1　移动对象

移动对象是指改变模型的位置，可以单击鼠标左键并拖曳，自行更改对象的位置，也可以通过输入数值精确地移动对象。

1．手动移动对象

使用选择并移动工具 ✛ 可以将选中的对象移动到任何位置，当使用此工具选择对象时，在视图中会显示出坐标移动控制器。在默认的四个视图中只有透视视图显示的是三个轴向（X、Y、Z），其中红色代表 X 轴、绿色代表 Y 轴、蓝色代表 Z 轴，而其他三个视图中则只显示其中的某两个轴向。若想要在某一个或几个轴向上移动对象，则只需要将鼠标放置到该轴上，当轴向变成黄色时即可沿该轴移动对象，如图 3-22 所示。

2．精确移动对象

若需要将对象精确移动一定的距离，则在"选择并移动"按钮 ✛ 上单击鼠标右键，弹出"移动变换输入"对话框，如图 3-23 所示。在该对话框中输入"绝对"和"偏移"数值，即可精确移动对象。

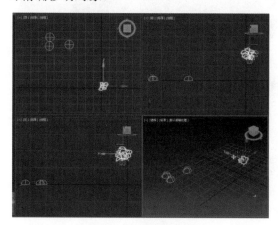

图 3-22　选择并移动对象

图 3-23　"移动变换输入"对话框

▶ 专家指点

　　在"移动变换输入"对话框中，各选项的含义如下。
➢ "绝对:世界"选项区：用于指定对象目前所在的世界坐标位置。
➢ "偏移:屏幕"选项区：用于指定对象以屏幕为参考对象所偏移的距离。

3.2.2　旋转对象

在 3ds Max 2020 中，通过旋转对象操作可以调整对象在场景中的方向。下面介绍旋转对象的操作步骤。

旋转对象

Step 01　按【Ctrl + O】组合键，打开素材模型（资源\素材\第 3 章\长凳.max），如图 3-24 所示。

Step 02 单击主工具栏中的"选择并旋转"按钮 C，如图 3-25 所示。

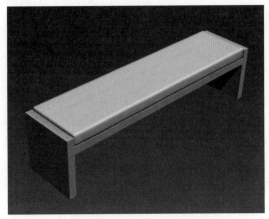

图 3-24 打开素材模型　　　　　　　　图 3-25 单击"选择并旋转"按钮

Step 03 选择长凳对象并沿 Z 轴进行旋转，效果如图 3-26 所示。

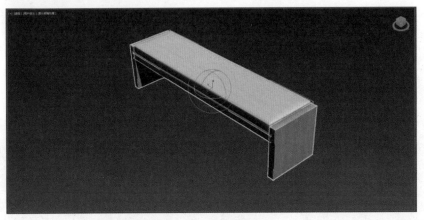

图 3-26 旋转对象效果

▶ 专家指点

除了运用上述方法可以旋转对象外，还有以下两种方法。

➢ 快捷键：按【E】键。

➢ 快捷菜单：在视图中单击鼠标右键，在弹出的快捷菜单中选择"旋转"选项。

3.2.3 缩放对象

在 3ds Max 2020 中，使用缩放工具可以对对象的大小尺寸进行更改。下面介绍缩放对象的操作步骤。

缩放对象

Step 01 按【Ctrl + O】组合键，打开素材模型（资源\素材\第 3 章\台灯.max），如图 3-27 所示。

Step 02 单击主工具栏中的"选择并均匀缩放"按钮，如图 3-28 所示。

Step 03　在透视视图中选择右侧的台灯对象,此时视图中会显示缩放变换控制器,如图 3-29 所示。

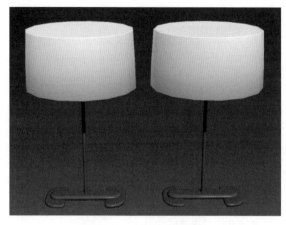

图 3-27　打开素材模型

图 3-28　单击"选择并均匀缩放"按钮

Step 04　按住鼠标左键并拖曳至合适位置,即可缩放对象,如图 3-30 所示。

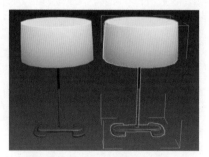

图 3-29　显示缩放变换控制器

图 3-30　缩放对象效果

▶ **专家指点**

除了运用上述方法可以缩放对象外,还有以下四种方法。

➢　快捷键:按【R】键。

➢　命令:单击菜单栏中的"编辑"|"缩放"命令。

➢　状态栏:在状态栏中的 X、Y、Z 数值框中输入相应的数值。

➢　快捷菜单:在视图中单击鼠标右键,在弹出的快捷菜单中选择"缩放"选项。

3.2.4　隐藏对象

隐藏对象是使对象暂时不在视口中显示,但仍然存在。切换至命令面板中的"显示" 选项卡,其中包含了"按类别隐藏"和"隐藏"两个卷展栏,如图 3-31 所示。

1.　"按类别隐藏"卷展栏

此隐藏方法可以按对象的基本类型隐藏对象,如不需要在视图中看到几何体对象,可选中"几何体"复选框,使图形不可见,如图 3-32 所示。隐藏图形后,视图仍然如正常状态一样继续工作。

图 3-31　　"按类别隐藏"和"隐藏"卷展栏

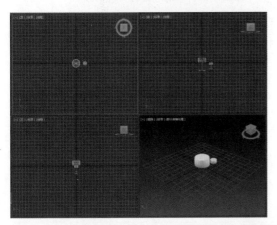 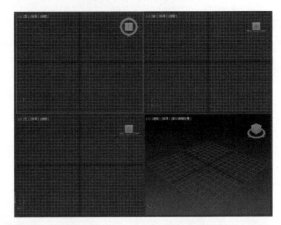

图 3-32　　隐藏几何体的对比效果

▶ 专家指点

　　隐藏的对象虽然不显示在任何一个视图中，但仍继续作为场景中几何体的一部分，只是在视图中无法对其进行选择。

　　另外，还可以通过单击"全部""无"以及"反转"按钮快速更改复选框的设置，通过"显示过滤器"列表框可以很好地控制创建隐藏的类别。

　　2．"隐藏"卷展栏

　　在"隐藏"卷展栏中可以对场景中的对象进行选择性隐藏，可以隐藏一个或多个选定对象，也可以隐藏所有未选定的对象或取消隐藏。选择对象后，单击"隐藏选定对象"按钮，即可隐藏对象。

　　在"隐藏"卷展栏中，各选项的含义如下。

➢　隐藏选定对象：单击该按钮，选定的对象将被隐藏。

➢　隐藏未选定对象：单击该按钮，选定对象之外的其他所有可见对象将被隐藏。

> ➤ 按名称隐藏：单击该按钮，弹出"隐藏对象"对话框，可选择要隐藏的对象。

> ➤ 按点击隐藏：单击该按钮，在视图中点击的所有对象将被隐藏。

> ➤ 全部取消隐藏：单击该按钮，将显示所有隐藏的对象。

> ➤ 按名称取消隐藏：单击该按钮，弹出"取消隐藏对象"对话框，在对话框的列表框中可选择要显示的对象。

> ➤ 隐藏冻结对象：选中该复选框，将隐藏所有冻结的对象。

3.2.5　冻结对象

如果需要将一个对象作为参考物体放在视口中，可将对象冻结。单击命令面板中的"显示"|"冻结"命令，展开"冻结"卷展栏，如图 3-33 所示。冻结对象的使用方法与隐藏对象相同，冻结后的对象将不能进行操作，但仍在视口中以灰色显示，如图 3-34 所示。

图 3-33　"冻结"卷展栏

图 3-34　冻结后的台灯

在"冻结"卷展栏中，各选项的含义如下。

> ➤ 冻结选定对象：单击该按钮，选定的对象将被冻结。

> ➤ 冻结未选定对象：单击该按钮，冻结除选定对象外的其他所有可见对象。使用此方法可以快速冻结除正在处理的对象以外的其他所有对象。

> ➤ 按名称冻结：单击该按钮后，将显示一个对话框，该对话框用于从列表框中选择要冻结的对象。

> ➤ 按点击冻结：单击该按钮，冻结在视口中单击的所有对象。

> ➤ 全部解冻：单击该按钮，将所有冻结的对象解冻。

> ➤ 按名称解冻：单击该按钮后，将显示一个对话框，该对话框用于从列表框中选择要解冻的对象。

> ➤ 按点击解冻：单击该按钮，解冻在视口中单击的所有对象。

> ▶ 专家指点
>
> 　　除了运用上述方法可以冻结对象外，还可以选择对象，在视图中单击鼠标右键，在弹出的快捷菜单中选择需要冻结对象的类型即可。

精确对齐

3.2.6 精确对齐

对齐操作常用于精确定位某一个对象的位置，当场景中各个对象的几何位置有一定关联时，可采用对齐工具 进行定位。下面介绍精确对齐对象的操作步骤。

Step 01 按【Ctrl + O】组合键，打开素材模型（资源\素材\第 3 章\书桌.max），如图 3-35 所示。

Step 02 在视图中，选择左上方的图形对象，如图 3-36 所示。

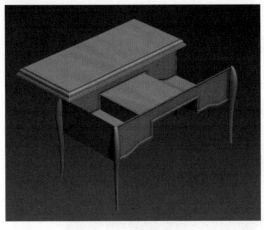
图 3-35 打开素材模型

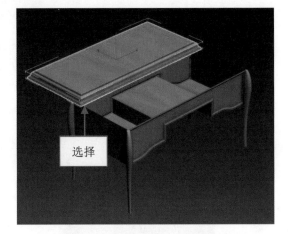
图 3-36 选择左上方的图形对象

Step 03 单击主工具栏中的"对齐"按钮 ，如图 3-37 所示。

Step 04 当鼠标指针呈 形状时，单击需要对齐的目标对象，弹出"对齐当前选择"对话框，保持默认设置，如图 3-38 所示。

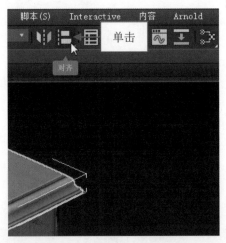
图 3-37 单击"对齐"按钮

图 3-38 "对齐当前选择"对话框

▶ 专家指点

除了运用上述方法可以执行"对齐"命令外，还可以单击菜单栏中的"工具"|"对齐"|"对齐"命令。

Step 05　在"对齐当前选择"对话框中，依次单击"应用"和"确定"按钮，即可精确对齐模型对象，效果如图 3-39 所示。

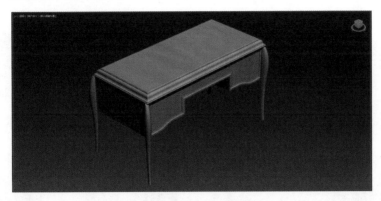

图 3-39　精确对齐对象效果

> ▶ **专家指点**
>
> 在"对齐当前选择"对话框中，各选项的含义如下。
> ➤ 对齐位置（世界）：根据当前所用坐标系来决定对齐的坐标轴。
> ➤ 当前对象：指当前选择的对象需要对齐的轴的位置。
> ➤ 目标对象：指用来对齐的参考对象的轴位置。
> ➤ 对齐方向（局部）：确定方向对齐所依据的坐标轴向。
> ➤ 匹配比例：将目标对象的缩放比例沿指定的坐标轴施加到当前对象上。

3.2.7　快速对齐

快速对齐

使用快速对齐工具，可以立即将当前选择对象的位置与目标对象的位置进行对齐。下面介绍快速对齐对象的操作步骤。

Step 01　按【Ctrl + O】组合键，打开素材模型（资源\素材\第 3 章\坐垫.max），如图 3-40 所示。

Step 02　在透视视图中，选择左上方的模型对象，如图 3-41 所示。

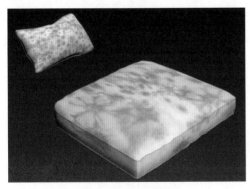

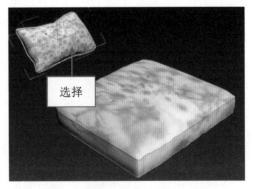

图 3-40　打开素材模型　　　　图 3-41　选择左上方的模型对象

Step 03 在菜单栏中,单击"工具"|"对齐"|"快速对齐"命令,如图 3-42 所示。

Step 04 当鼠标指针呈↓形状时,单击需要快速对齐的目标对象,即可快速对齐对象,如图 3-43 所示。

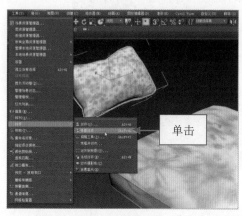

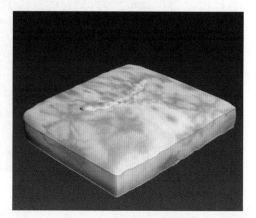

图 3-42 单击"快速对齐"命令   图 3-43 快速对齐对象

▶ **专家指点**

除了应用上述方法进行对齐对象外,还有以下两种方法。

➢ 快捷键 1:按【Alt + A】组合键对齐对象。

➢ 快捷键 2:按【Shift + A】组合键快速对齐对象。

3.3 管理 3D 对象

除了编辑 3D 对象外,还可以对 3D 对象进行对象捕捉设置、捕捉精度设置、链接、成组以及解组等操作。本节详细介绍管理 3D 对象的操作方法。

3.3.1 设置对象捕捉

捕捉工具可以精确捕捉对象的位置,可以在创建、移动、旋转和缩放对象时提供附加控制,为建模提供了有利条件。捕捉开关工具包括"2D 捕捉"按钮 、"2.5D 捕捉"按钮 以及"3D 捕捉"按钮 三种,如图 3-44 所示。下面介绍捕捉开关工具中各按钮的主要含义。

❶ 2D 捕捉按钮 :主要用于捕捉活动的栅格。

❷ 2.5D 捕捉按钮 :主要用于捕捉结构或捕捉根据网格得到的几何体。

❸ 3D 捕捉按钮 :可以捕捉 3D 空间中的任何位置。

在"捕捉开关"按钮上单击鼠标右键,弹出"栅格和捕捉设置"对话框,在对话框中可以设置捕捉类型和捕捉的相关参数,如图 3-45 所示。

除了运用上述方法可以弹出"栅格和捕捉设置"对话框外,还可以在按住【Shift】键的同时,在视图中单击鼠标右键,在弹出的快捷菜单中选择"栅格和捕捉设置"选项,也可以弹出"栅格和捕捉设置"对话框。

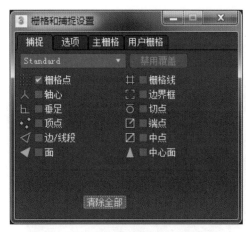

图 3-44 捕捉开关工具　　　　　　图 3-45 "栅格和捕捉设置"对话框

3.3.2 设置捕捉精度

在主工具栏中的"微调器捕捉切换"按钮 上，单击鼠标右键，弹出"首选项设置"对话框，如图 3-46 所示。在"精度"数值框中输入合适参数，即可设置捕捉精度，如图 3-47 所示。

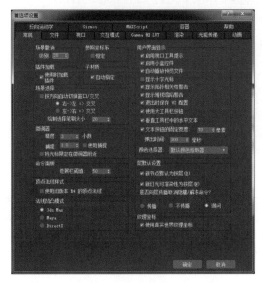

图 3-46 弹出"首选项设置"对话框

图 3-47 输入合适的参数

3.3.3 链接对象

链接对象可以将两个对象连接在一起，使它们建立父体与子体的关系。下面介绍链接对象的操作步骤。

链接对象

Step 01 按【Ctrl + O】组合键，打开素材模型（资源\素材\第 3 章\装饰物.max），如图 3-48 所示。

Step 02 单击主工具栏中的"选择并链接"按钮 ⚲，如图 3-49 所示。

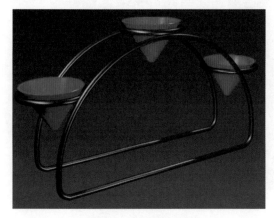

图 3-48　打开素材模型

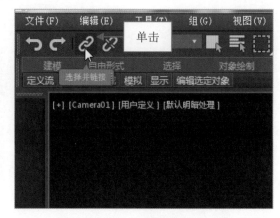

图 3-49　单击"选择并链接"按钮

Step 03 在视图区中单击一个对象并拖曳至另一个对象上，如图 3-50 所示。释放鼠标，即可链接对象。

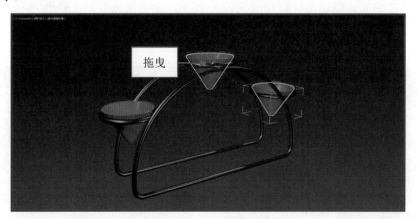

图 3-50　选择链接对象

▶ 专家指点

　　链接对象后，应用于父对象的所有变换，如移动、旋转以及缩放等，都将同样应用于子对象。例如，如果将父对象缩放到 150%，则子对象以及子对象和父对象之间的距离也缩放为 150%。

3.3.4　断开链接对象

　　单击"取消链接选择"按钮 ⚲，可以移除从选定对象到父对象的链接，但不影响选定对象的任何子对象。通过双击父对象选择该对象及全部子对象，单击"取消链接选择"按钮 ⚲，即可迅速取消所链接的整个层次。

3.3.5 成组对象

成组对象

"组"是由一个或几个独立的几何对象组成的,可以合成与分离的集合。构成组的几何对象仍然具有各自的一些特性,当多个对象组合为一个组后,组中的所有对象便成为一个整体。下面介绍成组对象的操作步骤。

Step 01 按【Ctrl + O】组合键,打开素材模型(资源\素材\第 3 章\早餐.max),如图 3-51 所示。

Step 02 选择所有对象,单击菜单栏中的"组"|"组"命令,如图 3-52 所示。

图 3-51 打开素材模型

图 3-52 单击"组"命令

Step 03 弹出"组"对话框,在"组名"文本框中输入"餐具",如图 3-53 所示。

Step 04 单击"确定"按钮,即可将所有的对象合成为一个组,四周出现一个白色线框,如图 3-54 所示。

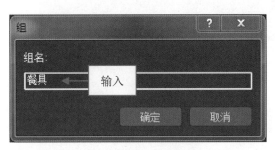

图 3-53 输入组名

图 3-54 成组对象效果

▶ **专家指点**

多个组之间也可以进行成组操作,这些组被称为"嵌套组"。当存在"嵌套组"时,使用"解组"命令一次只能解组一个层级。

3.3.6 解组对象

解组操作与成组操作相反,解组是指将成组对象分解,恢复成为未使用"成组"命令之前的多个对象状态。选中已成组的对象,单击菜单栏中的"组"|"解组"命令,即可将成组后的对象进行解组操作。

本章小结

本章主要介绍在 3ds Max 2020 中选择与编辑 3D 对象的基本操作方法，具体包括选择 3D 对象、编辑 3D 对象以及管理 3D 对象。通过本章的学习，希望读者能够很好地掌握 3D 对象的基本操作方法。

课后习题

课后习题

鉴于本章知识的重要性，为了帮助读者更好地掌握所学知识，本节将通过上机习题，帮助读者进行简单的知识回顾和补充。

对象成组后，如果要对组中的某一个对象进行操作，必须先将组打开，使组内的对象暂时独立，以便进行单独操作。本习题需要掌握在 3ds Max 2020 中打开组对象的操作方法，如图 3-55 所示。

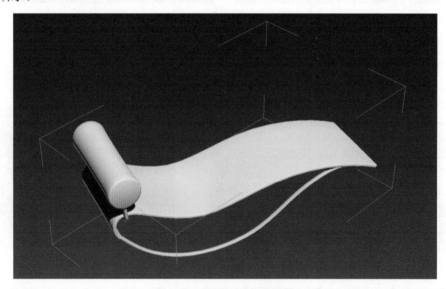

图 3-55　打开组对象的效果

第4章
创建与编辑二维图形

4

3ds Max 2020 虽然是一款三维软件，但是许多的模型都来源于二维图形。二维图形是由节点和线段组成的，可以说节点和线段是 3ds Max 2020 建模的基本元素。本章将详细介绍创建和编辑二维图形的操作方法。

本章重点

- ➢ 创建样条线
- ➢ 编辑样条线
- ➢ 编辑顶点和线段
- ➢ 编辑变形修改器
- ➢ 编辑效果修改器
- ➢ 常用二维造型修改器

4.1 创建样条线

样条线的创建在 3ds Max 2020 中有着十分重要的地位，其中包括线、圆、圆弧以及圆环等图形，这些图形通过挤出、挤压以及车削等修改器处理后即可得到三维模型。本节详细介绍创建样条线的操作方法。

4.1.1 创建线

线是由节点组成的，是 3ds Max 2020 中最简单的对象。在"创建"命令面板➕中单击"图形"按钮，在"对象类型"卷展栏中单击"线"按钮，展开"线"参数卷展栏。卷展栏包括"名称和颜色""渲染""插值""创建方法"和"键盘输入"五个卷展栏。具体介绍如下。

1．"名称和颜色"卷展栏

"名称和颜色"卷展栏用于命名所绘制的线的名称和设置所绘制的线的颜色，如图 4-1 所示。

若在卷展栏中的文本框中输入文字，即可重新命名或更改所绘制线的名称；若单击该卷展栏下方右侧的颜色块，即可弹出"对象颜色"对话框，如图 4-2 所示。在该对话框中用鼠标选择所需要更改的颜色，单击"确定"按钮，即可选择或更改所绘制线的颜色。

图 4-1 "名称和颜色"卷展栏	图 4-2 "对象颜色"对话框

> ▶ 专家指点
>
> 除了运用上述方法可以创建线外，还可以单击菜单栏中的"创建"|"图形"|"线"命令。

2．"渲染"卷展栏

二维对象的渲染是比较特殊的，因为二维对象只有形状，没有体积；在默认情况下是不能被渲染着色的。若要对二维对象进行渲染着色，首先要在"渲染"卷展栏中选中"在视口中启用"或"在渲染中启用"复选框，然后设置厚度值（厚度值是用来定义二维对象的线的宽度），如图 4-3 所示。

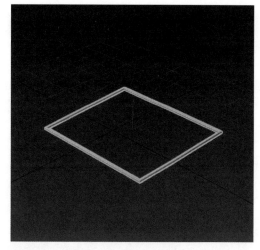

图 4-3　"渲染"卷展栏与渲染后的线效果

> ▶ **专家指点**

在"渲染"卷展栏中，各主要选项的含义如下。

➤ 在渲染中启用：选中该复选框后，才能渲染出样条线；若不选中，将不能渲染出样条线。

➤ 在视口中启用：选中该复选框，透视图中会自动显示二维对象的渲染效果。

➤ 使用视口设置：该复选框用于设置不同的渲染参数，该复选框只有在选中"在视口中启用"复选框时才可用。

➤ 生成贴图坐标：选中该复选框后，将使可渲染的二维对象表面可以进行贴图处理。

➤ 真实世界贴图大小：选中该复选框后，可以控制应用于对象的纹理贴图材质所使用的缩放方法。

➤ 视口/渲染：当选中"在视口中启用"复选框时，样条线将显示在视图中；当同时选中"在视图中启用"和"在渲染中启用"复选框时，则样条线在视图中和渲染中都可以显示出来。

➤ 径向：选中该单选按钮后，可以将 3D 网格显示为圆柱对象，并调整厚度、边数和角度。

➤ 矩形：选中该单选按钮，可以将 3D 网格显示为矩形对象，并调整长度、宽度、角度和纵横比。

➤ 自动平滑：选中该复选框，可以激活"阈值"选项，调整"阈值"数值可以自动平滑样条线。

3．"插值"卷展栏

插值是二维对象所具有的一种优化方式，当二维对象为光滑曲线时，可以通过插值的方式使曲线更平滑。"插值"卷展栏可以控制样条线怎样生成，同时将所有样条线曲线划分为近似真实曲线的较小直线。样条线手动插值的主要用途是用于变形或精确地控制创建的顶点数的其他操作。"插值"卷展栏，如图 4-4 所示。

▶ 专家指点

　　在"插值"卷展栏中，各选项的含义如下。

➤ 　步数：指样条线上的每个顶点之间的划分数量。

➤ 　优化：选中该复选框，可以从样条线的直线线段中删除不需要的步数。

➤ 　自适应：选中该复选框，系统会自动适应设置每条样条线的步数，以生成平滑的曲线。

4．"创建方法"卷展栏

　　"创建方法"卷展栏用于设置创建对象的方式，包括初始类型和拖动类型两种，如图 4-5 所示。

▶ 专家指点

　　在"创建方法"卷展栏中，各主要选项的含义如下。

➤ 　角点：选中该单选按钮，可以通过顶点产生一个没有弧度的尖角。

➤ 　平滑：选中该单选按钮，可以通过顶点产生一条平滑的、不可调整的曲线。

➤ 　Bezier：选中该单选按钮后，可以通过顶点产生一条平滑的、可调整的曲线。

5．"键盘输入"卷展栏

　　使用键盘输入的方式也可以创建样条线，此方式对所有样条线通常是相同的，键盘输入的差别主要在于可选参数的数目不同。"键盘输入"卷展栏包含初始创建点的 X、Y 和 Z 坐标三个字段，还有可变数目的参数，完成样条线，如图 4-6 所示。在每个字段中输入值，单击"创建"按钮，即可创建样条线。

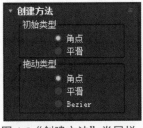

图 4-4　"插值"卷展栏　　　图 4-5 "创建方法"卷展栏　　　图 4-6　"键盘输入"卷展栏

▶ 专家指点

　　在绘制线时，按住【Shift】键的同时，单击鼠标左键并拖曳，可以绘制竖直或水平直线。

4.1.2　创建矩形

　　使用矩形工具，可以创建方形和矩形样条线。下面介绍创建矩形的操作步骤。

创建矩形

Step 01　按【Ctrl + O】组合键，打开素材模型（资源\素材\第 4 章\相框.max），如图 4-7 所示。

Step 02　在"图形"面板的"对象类型"卷展栏中，单击"矩形"按钮，如图 4-8 所示。

图 4-7　打开素材模型　　　　图 4-8　单击"矩形"按钮

Step 03　在前视图中，按住鼠标左键并拖曳至合适位置后；释放鼠标，即可创建矩形，如图 4-9 所示。

Step 04　在"参数"卷展栏中，设置"长度"为 210、"宽度"为 145，如图 4-10 所示。

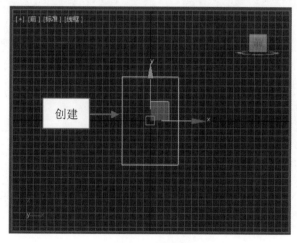

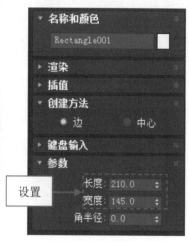

图 4-9　创建矩形　　　　图 4-10　设置参数值

Step 05　在顶视图中，移动矩形至合适位置，如图 4-11 所示。

Step 06　在"渲染"卷展栏中，设置"厚度"参数为 15，并选中相应复选框，按【F9】键进行快速渲染，效果如图 4-12 所示。

▶ **专家指点**

　　除了运用上述方法可以创建矩形外，还可以单击菜单栏中的"创建"|"图形"|"矩形"命令。

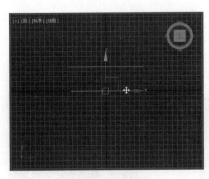

图 4-11　移动矩形位置

图 4-12　渲染图形效果

4.1.3　创建圆

圆是建模效果图中使用率较高的二维图形，利用一部分与其他二维图形复合，能制作出复杂的图形。下面介绍创建圆的操作步骤。

创建圆

Step 01　按【Ctrl＋O】组合键，打开素材模型（资源\素材\第 4 章\时钟.max），如图 4-13 所示。

Step 02　在"图形"面板 的"对象类型"卷展栏中，单击"圆"按钮，如图 4-14 所示。

图 4-13　打开素材模型

图 4-14　单击"圆"按钮

▶ 专家指点

使用椭圆工具，可以创建椭圆形和圆形样条线。椭圆的创建方法与圆的创建方法一样，在"对象类型"卷展栏中单击"椭圆"按钮，在任意视图中单击鼠标左键并拖曳，至合适位置处释放鼠标，即可创建完成。椭圆"参数"卷展栏中的"长度"和"宽度"数值框中的数值分别决定了椭圆的长轴与短轴。

椭圆与圆相似，不同之处在于垂直和水平两个方向上的半径不同。因此不能设置半径参数，只能设置长度和宽度两个参数创建椭圆。

Step **03**　在"渲染"卷展栏中，分别选中"在渲染中启用"和"在视口中启用"复选框。在前视
图中，按住鼠标左键并拖曳，释放鼠标，创建一个圆；❶在"渲染"卷展栏中，设置"厚
度"参数为 10；❷在"参数"卷展栏中设置"半径"为 130；如图 4-15 所示。

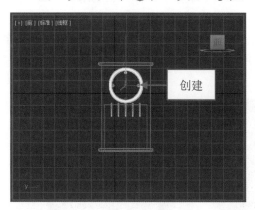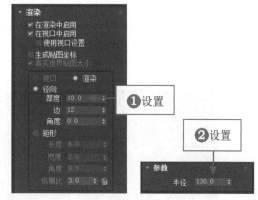

图 4-15　创建圆

Step **04**　在左视图中，将圆移动至合适位置，如图 4-16 所示。

Step **05**　按【F9】键进行快速渲染，效果如图 4-17 所示。

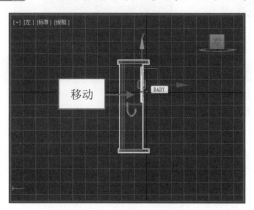

图 4-16　移动圆的位置　　　　　　　图 4-17　渲染效果

▶ 专家指点

除了运用上述方法可以创建圆外，还可以单击菜单栏中的"创建"|"图形"|"圆"命
令创建圆。

4.1.4　创建圆环

使用圆环工具，可以由两个同心圆创建封闭的形状，每个圆都由四个顶点组成。在"对
象类型"卷展栏中单击"圆环"按钮，在视图中单击鼠标左键并拖曳，释放鼠标，移动鼠标
指针至合适位置；单击鼠标左键，即可完成创建。如果需要精确绘制圆环，可在"参数"卷
展栏设置参数。

4.1.5 创建星形

星形是参数较多的二维图形，使用"星形"命令可以创建具有很多点的闭合星形样条线，星形样条线使用两个半径来设置外部顶点和内部顶点之间的距离。

在"对象类型"卷展栏中单击"星形"按钮，在任意视图中单击鼠标左键并拖曳，至合适位置处释放鼠标，即可创建完成，如图 4-18 所示。如果需要精确绘制星形，可在"参数"卷展栏中设置参数，如图 4-19 所示。

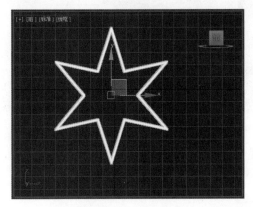

图 4-18 创建星形

图 4-19 "参数"卷展栏

▶ 专家指点

在"参数"卷展栏中，各主要选项的含义如下。

➤ 半径 1：星形第一组顶点的半径。在创建星形时，通过第一次拖动交互设置这个半径。

➤ 半径 2：星形第二组顶点的半径。在完成星形创建时，通过移动鼠标指针并单击交互设置这个半径。

➤ 点：用于设置星形上的点数量。

➤ 扭曲：围绕星形中心旋转半径 2 顶点，从而将生成锯齿形效果。

➤ 圆角半径 1：圆化第一组顶点，每个点生成两个 Bezier 顶点。

➤ 圆角半径 2：圆化第二组顶点，每个点生成两个 Bezier 顶点。

4.2 编辑样条线

单击"选择"卷展栏中的"样条线"按钮 ，可进入"样条线"次对象层级，在此层级可针对样条线进行编辑。选择样条线对象中的一个或多个样条线进行编辑，使用较多的是"修剪"和"轮廓"等工具。本节主要介绍编辑样条线的基本操作。

4.2.1　附加样条线对象

附加样条线是指将场景中的其他样条线附加到所选样条线，使样条线成为一个整体。需注意的是，附加到的对象也必须是样条线。在"几何体"卷展栏中，单击"附加"按钮，并拾取绘图区中需要附加的样条线即可。

> ▶ **专家指点**
>
> 在附加样条线时，如果选中"重定向"复选框，新的曲线将会移动并旋转，与原样条线的轴心和局部坐标的位置与方向相匹配。

4.2.2　设置样条线轮廓

轮廓用于制作样条线的副本，相当于偏移，而偏移的距离是由"轮廓宽度"微调框指定的。下面介绍设置样条线轮廓的操作步骤。

设置样条线轮廓

Step 01　按【Ctrl + O】组合键，打开素材模型（资源\素材\第 4 章\星形.max），如图 4-20 所示。

Step 02　选择合适的图形对象，❶切换至"修改"面板 ；❷单击"选择"卷展栏中的"样条线"按钮 ，如图 4-21 所示。

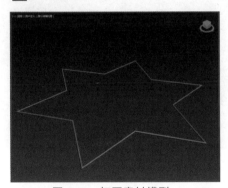

图 4-20　打开素材模型

图 4-21　单击"样条线"按钮

Step 03　在"几何体"卷展栏中，设置"轮廓"参数为 15，如图 4-22 所示。

Step 04　按【Enter】键确认，效果如图 4-23 所示。

图 4-22　设置参数值

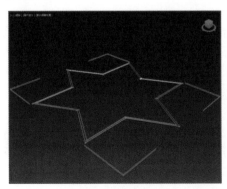

图 4-23　图形效果

▶ 专家指点

还可以在单击"轮廓"按钮后，将鼠标移至视图中，当鼠标指针呈 形状时，单击鼠标左键并拖曳，设置样条的轮廓线。若选中"中心"复选框，则原始样条线和轮廓将从一个不可见的中心线向外移动。

4.2.3 修剪样条线对象

单击"修剪"按钮，可以清理形状中的重叠部分，使端点接合在一个点上，可进行修剪操作的必须是相交的样条线。如果线段是一端打开并和另一端相交，则整个线段将交点与开口端之间的部分删除；如果截面未相交，或者样条线是闭合的并且只找到了一个相交点，则不会发生任何操作。

选择样条线，切换至"修改"面板，单击"选择"卷展栏中的"样条线"按钮 √，单击"几何体"卷展栏中的"修剪"按钮，如图 4-24 所示。移动鼠标指针至需要修剪的线段，当鼠标指针呈 形状时，单击鼠标左键，即可修剪线段，如图 4-25 所示。

图 4-24 单击"修剪"按钮

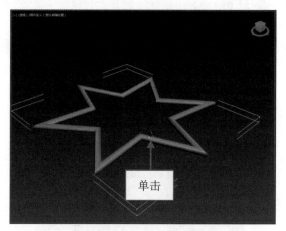

图 4-25 修剪线段

4.3 编辑顶点和线段

在将图形转换为样条线后，不仅可以编辑样条线部分，还可以对顶点和线段进行编辑。本节将详细介绍熔合顶点、圆角顶点、切角顶点以及插入线段等操作。

4.3.1 熔合顶点

熔合顶点是指将所有选定的顶点移至平均中心位置，此操作不会连接顶点，只是将顶点移至同一位置，使顶点重叠。下面介绍熔合顶点的操作步骤。

熔合顶点

Step 01 按【Ctrl + O】组合键，打开素材模型（资源\素材\第 4 章\矩形线条.max），如图 4-26 所示。

Step**02** 在视图中，选择合适的图形对象，❶切换至"修改"面板 ；❷在"选择"卷展栏中单击"顶点"按钮 ，如图 4-27 所示。

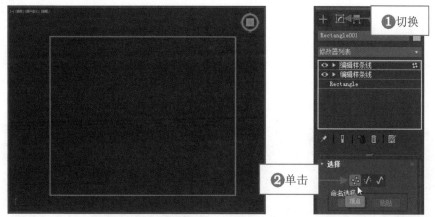

图 4-26 打开素材模型   图 4-27 单击"顶点"按钮

Step**03** 将鼠标移至视图中，按住【Ctrl】键的同时，选择两个顶点，如图 4-28 所示。

Step**04** 在"几何体"卷展栏中，单击"熔合"按钮，如图 4-29 所示。

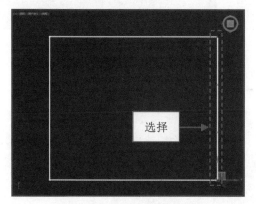

图 4-28 选择两个顶点   图 4-29 单击"熔合"按钮

Step**05** 执行上述操作后，即可熔合顶点，效果如图 4-30 所示。

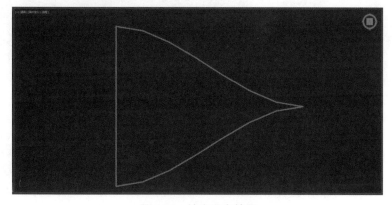

图 4-30 熔合顶点效果

4.3.2 圆角顶点

圆角顶点

圆角顶点是指将线段会合的地方进行圆角处理，并添加新的控制点。下面介绍圆角顶点的操作步骤。

Step 01 按【Ctrl + O】组合键，打开素材模型（资源\素材\第 4 章\样条线.max），如图 4-31 所示。

Step 02 在视图中，选择合适的图形对象，切换至"修改"面板，在"选择"卷展栏中单击"顶点"按钮，选择合适的顶点对象，如图 4-32 所示。

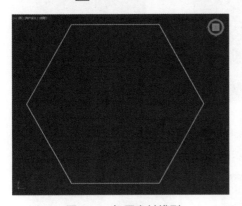

图 4-31 打开素材模型

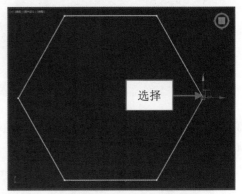

图 4-32 选择合适的顶点

Step 03 在"几何体"卷展栏中，设置"圆角"参数为 100，如图 4-33 所示。

Step 04 按【Enter】键确认，即可将顶点进行圆角处理，如图 4-34 所示。

图 4-33 设置参数值

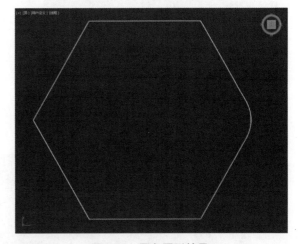

图 4-34 圆角图形效果

4.3.3 切角顶点

切角顶点

"切角"操作会切除所选顶点，创建一个新线段，此线段将指向原始顶点的两条线段上的新点连接在一起。下面介绍切角顶点的操作步骤。

Step 01　按【Ctrl + O】组合键，打开素材模型（资源\素材\第 4 章\线条.max），如图 4-35 所示。

Step 02　在视图中，选择合适的图形对象，切换至"修改"面板，在"选择"卷展栏中单击"顶点"按钮，选择合适的顶点对象，如图 4-36 所示。

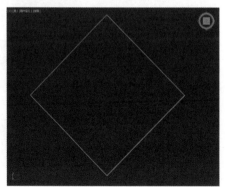
图 4-35　打开素材模型

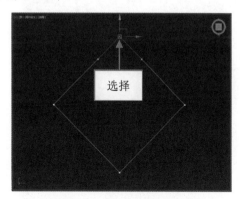
图 4-36　选择合适的顶点

Step 03　在"几何体"卷展栏中，设置"切角"参数为 400，如图 4-37 所示。

Step 04　按【Enter】键确认，即可将顶点进行倒角处理，如图 4-38 所示。

图 4-37　输入参数值

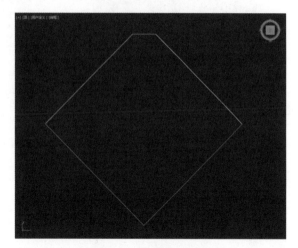
图 4-38　倒角图形效果

▶ **专家指点**

切角是设置形状角部的倒角。当鼠标指针呈切角形状时，在视图中，单击鼠标左键并拖曳，即可进行倒角。

4.3.4　插入线段

插入线段是指插入一个或多个顶点，以创建其他线段，单击线段中的任意某处可以插入顶点并附加到样条线。可以选择性地移动鼠标指针，并单击鼠标左键以放置新顶点。下面介绍插入线段的操作步骤。

插入线段

Step 01 按【Ctrl + O】组合键，打开素材模型（资源\素材\第 4 章\支架.max），如图 4-39 所示。

Step 02 在视图中，选择 Line04 对象，如图 4-40 所示。

图 4-39　打开素材模型

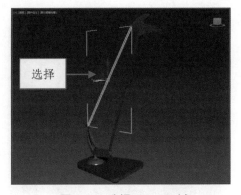

图 4-40　选择 Line04 对象

Step 03 切换至"修改"面板 ，在修改器堆栈中选择"线段"选项，如图 4-41 所示。

Step 04 在"几何体"卷展栏中，单击"插入"按钮，如图 4-42 所示。

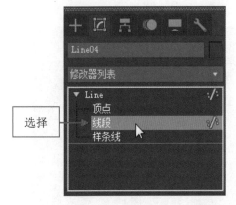

图 4-41　选择"线段"选项

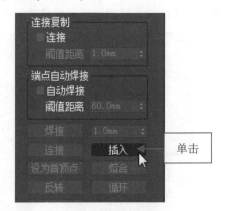

图 4-42　单击"插入"按钮

Step 05 移动鼠标指针至前视图上的线段顶点上，当鼠标指针呈 形状时，单击鼠标左键并拖曳，插入线段，效果如图 4-43 所示。

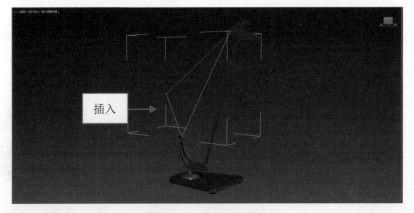

图 4-43　插入线段效果

4.4　编辑变形修改器

变形修改器是通过拉伸对象影响对象的几何形状的，从而产生扭曲、弯曲以及拉伸等效果。参数化变形器种类有很多种，如扭曲、噪波以及弯曲等修改器。本节主要介绍几种常用变形修改器的基础知识和操作方法。

4.4.1　编辑"扭曲"修改器

"扭曲"修改器可以使对象几何体产生一个旋转效果。可以控制任意三个轴上的扭曲角度，并设置偏移压缩扭曲相对于轴点的效果。下面介绍编辑该修改器的操作步骤。

编辑"扭曲"修改器

Step 01　按【Ctrl + O】组合键，打开素材模型（资源\素材\第 4 章\台灯.max），如图 4-44 所示。

Step 02　在视图中，选择灯罩对象，如图 4-45 所示。

图 4-44　打开素材模型

图 4-45　选择灯罩对象

Step 03　切换至"修改"面板，在"修改器列表"下拉列表框中选择"扭曲"选项，如图 4-46 所示。

Step 04　在"参数"卷展栏中，设置"角度"为 30、"偏移"为 15，如图 4-47 所示。

图 4-46　选择"扭曲"选项

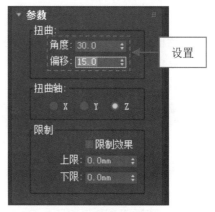

图 4-47　设置参数值

▶ 专家指点

在"参数"卷展栏中，各主要选项的含义如下。

➢ 角度：用于设置围绕垂直轴扭曲的量。

➢ 偏移：用于设置扭曲向上或向下的偏移度。

➢ 扭曲轴：用于指定执行扭曲操作所沿着的轴，包含 X、Y 和 Z 轴，通常默认设置为 Z 轴。

➢ 限制效果：选中该复选框，可调整"上限"和"下限"数值，对扭曲效果应用限制约束。其中，"上限"和"下限"数值框分别用于设置扭曲效果的上限和下限。

Step **05** 按【Enter】键确认，即可扭曲对象，按【F9】键快速渲染，效果如图 4-48 所示。

图 4-48 扭曲对象效果

▶ 专家指点

除了运用上述方法可以编辑"扭曲"修改器外，还可以在菜单栏中，单击"修改器"｜"参数化变形器"｜"扭曲"命令。

4.4.2 编辑"噪波"修改器

"噪波"修改器会沿着三个轴的任意组合调整对象顶点的位置，是模拟对象形状随机变化的重要动画工具。使用"噪波"修改器可以对模型表面的顶点进行随机变动，使模型表面产生不规则的起伏。下面介绍编辑"噪波"修改器的操作步骤。

编辑"噪波"修改器

▶ 专家指点

除了在"修改"面板 中可以编辑"噪波"修改器外，还可以在菜单栏中，单击"修改器"｜"参数化变形器"｜"噪波"命令进行处理。

Step **01** 按【Ctrl + O】组合键，打开素材模型（资源\素材\第 4 章\树叶.max），如图 4-49 所示。

Step **02** 在视图中，选择左侧的树叶对象，如图 4-50 所示。

图 4-49　打开素材模型

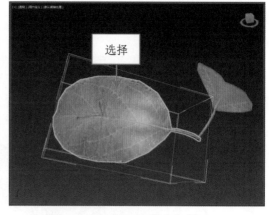

图 4-50　选择左侧的树叶对象

Step 03　切换至"修改"面板 ，在"修改器列表"下拉列表框中选择"噪波"选项，如图 4-51 所示。

Step 04　在"参数"卷展栏中，❶选中"分形"复选框；❷设置 X 为 80 mm、Y 为 150 mm、Z 为 300 mm，如图 4-52 所示。

图 4-51　选择"噪波"选项

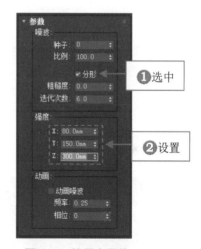

图 4-52　设置参数值

▶ **专家指点**

在"参数"卷展栏中，各主要选项的含义如下。

➢ 种子：用于设置噪波随机效果，相同设置下不同的种子数会产生不同的效果。

➢ 比例：设置噪波影响的大小，值越大产生的影响越平缓，值越小影响越尖锐。

➢ 分形：用于产生数字分形效果，选中该复选框，噪波会变得无序而复杂，很适合制作地形效果。

➢ 强度：控制三个轴向上对模型噪波的强度影响，值越大，噪波越剧烈。

如果在调整数值时没有效果变化，则需要调整对象的分段数，分段越多，变化越明显，也越平滑。

Step 05 按【Enter】键确认，即可修改"噪波"修改器，按【F9】键进行快速渲染，效果如图 4-53 所示。

图 4-53　模型最终效果

4.4.3　编辑"弯曲"修改器

使用"弯曲"修改器是将一个对象沿着一个特定的轴向进行弯曲变形操作。"弯曲"修改器允许将当前选中对象围绕单独轴弯曲 360°，在对象几何体中产生均匀弯曲，可以在任意三个轴上控制弯曲的角度和方向，也可以对几何体的一段限制弯曲。下面介绍编辑"弯曲"修改器的操作步骤。

Step 01 按【Ctrl + O】组合键，打开素材模型（资源\素材\第 4 章\沙发.max），如图 4-54 所示。

Step 02 在视图中，选择沙发靠背对象，如图 4-55 所示。

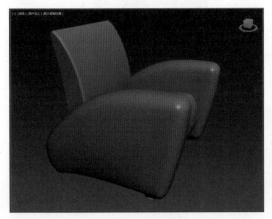

图 4-54　打开素材模型

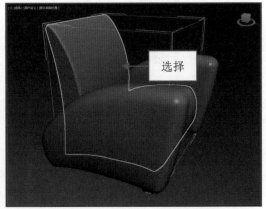

图 4-55　选择沙发靠背对象

Step 03 切换至"修改"面板，在"修改器列表"下拉列表框中选择"弯曲"选项，如图 4-56 所示。

Step **04** 在 "参数" 卷展栏中，❶设置 "角度" 为 40、"方向" 为 15；❷选中 *Y* 单选按钮，如图 4-57 所示。

图 4-56 选择 "弯曲" 选项

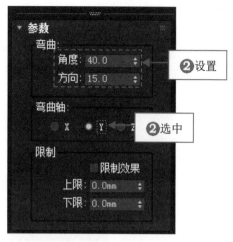

图 4-57 设置参数值

Step **05** 执行上述操作后，即可修改 "弯曲" 修改器，按【F9】键进行快速渲染，效果如图 4-58 所示。

图 4-58 渲染模型效果

▶ 专家指点

除了运用上述方法可以编辑 "弯曲" 修改器外，还可以在菜单栏中，单击 "修改器" |
"参数化变形器" | "弯曲" 命令。

4.5 编辑效果修改器

在建模完成之后，可以运用修改器为对象制作出网格平滑、优化、推力等效果。本节主要介绍特殊效果修改器的基本知识和操作方法。

4.5.1 编辑"网格平滑"修改器

"网格平滑"修改器可以对不规则的表面进行光滑处理，同时可以通过多种不同的方法平滑场景中的几何体。

"网格平滑"的效果是使角和边变圆，使用"网格平滑"的参数可以控制新面的大小和数量，以及它们如何影响对象曲面，相关卷展栏如图 4-59 所示。

图 4-59　"网格平滑"修改器的相关卷展栏

在图 4-59 所示的卷展栏中，各主要选项的含义如下。

➢ 细分方法：该列表框包括 NURHS（减少非均匀有理数网格平滑对象）、经典和四边形输出三个选项，任意选择一个选项可以确定"网格平滑"操作的输出。

➢ 应用于整个网格：选中该复选框后，在堆栈中向上传递的所有子对象选择将被忽略，且"网格平滑"将应用于整个对象。

➢ 旧式贴图：使用 3ds Max 版本 3 算法将"网格平滑"应用于贴图坐标。此方法会在创建新面和纹理坐标移动时变形基本贴图坐标。

➢ 迭代次数：设置网格细分的次数。

➢ 平滑度：确定对尖锐的锐角添加面来加以平滑的度数。

➢ 渲染值：用于设置在渲染时使对象应用不同平滑迭代次数和不同的"平滑度"值。

➢ 子对象层级：启用或禁用"边"或"顶点"层级。如果两个层级都被禁用，将在对象层级工作，有关选定边或顶点的信息显示在"忽略背面"复选框下的消息区域中。

➢ 控制级别：用于在一次或多次迭代后查看控制网格，并在该级别编辑子对象点和边。

➢ 折缝：用于创建曲面不连续，从而获得褶皱或唇状结构等清晰边界。

➢ 权重：用于设置选定顶点或边的权重。

➢ 等值线显示：选中该复选框后，3ds Max 2020 仅显示等值线，即对象在进行光滑处理之前的原始边。

➢ 显示框架：用于在细分之前，切换显示修改对象的两种颜色线框的显示。

- ➤ 强度：设置所添面的大小，使用范围为 0 ~ 1。
- ➤ 松弛：应用正的松弛效果以平滑所有顶点。
- ➤ 投影到限定曲面：将所有点放置到"网格平滑"结果的"限定曲面"上。
- ➤ 平滑结果：对所有曲面应用相同的平滑组。
- ➤ 材质：防止在不共享材质 ID 的曲面之间的边上创建新曲面。
- ➤ 平滑组：防止在不共享至少一个平滑组的曲面之间的边上创建新曲面。
- ➤ 保持凸面：选中该复选框后，将非凸面多边形为最低数量的单独面进行处理。
- ➤ 更新选项：设置手动或渲染时更新选项，适用于平滑对象的复杂度过高而不能应用自动更新的情况。

4.5.2　编辑"优化"修改器

　　"优化"修改器是一个多边形表面优化工具，用于减少模型的顶点数和面数。在保持相似光滑度的前提下，尽可能地降低几何体的复杂度，以加快渲染速度。选择"优化"修改器后，可对参数进行修改，"参数"卷展栏如图 4-60 所示。

图 4-60　"参数"卷展栏

　　在"参数"卷展栏中，各主要选项的含义如下。

- ➤ 细节级别：提供两个设置，分别用于渲染和视图显示，可以将不同的优化设置分别放置在 L1 和 L2 内。
- ➤ 面阈值：用于设置面的优化程序，设置值越低，优化越弱。
- ➤ 边阈值：为开放边（只绑定了一个面的边）设置不同的阈值角度。
- ➤ 偏移：在优化时去除小的、无用的三角面，值越小，得到的面越多。
- ➤ 最大边长：用于指定最大长度，超出该值的边在优化时无法拉伸。
- ➤ 自动边：用于优化启用和禁用边。
- ➤ 保留：在材质边界和平滑边界间保持面层级的清除分隔。
- ➤ 上次优化状态：用于显示原对象与优化后的顶点数目和面数目。

4.5.3　编辑"推力"修改器

　　使用"推力"修改器，可以使模型沿平均顶点法线将对象顶点向外或向内推力，从而产生膨胀的效果。下面介绍编辑"推力"修改器的操作步骤。

编辑"推力"修改器

Step01 按【Ctrl + O】组合键，打开素材模型（资源\素材\第 4 章\栏杆.max），如图 4-61 所示。

Step02 在视图中，选择栏杆的扶手对象，如图 4-62 所示。

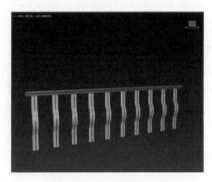

图 4-61　打开素材模型

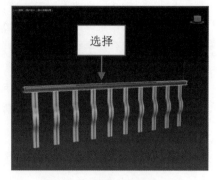

图 4-62　选择扶手对象

Step03 在菜单栏中，单击"修改器"|"参数化变形器"|"推力"命令，如图 4-63 所示。

Step04 在"参数"卷展栏中，设置"推进值"为 50 mm，即可编辑"推力"修改器，按【F9】键进行快速渲染，效果如图 4-64 所示。

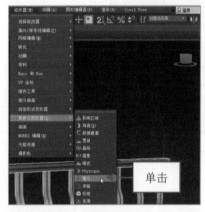

图 4-63　单击"推力"命令

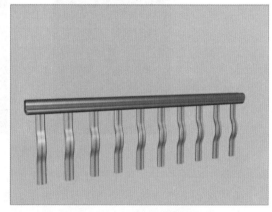

图 4-64　渲染模型效果

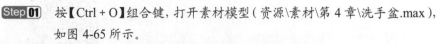

▶ 专家指点

　　除了运用上述方法可以编辑"推力"修改器外，还可以切换至"修改"面板，在"修改器列表"下拉列表框中选择"推力"选项。

4.5.4　编辑"壳"修改器

　　"壳"修改器可以凝固对象或为对象赋予厚度。使用"壳"修改器，可以使没有厚度的平面对象产生厚度。下面介绍编辑"壳"修改器的操作步骤。

编辑"壳"修改器

Step01 按【Ctrl + O】组合键，打开素材模型（资源\素材\第 4 章\洗手盆.max），如图 4-65 所示。

Step02 在视图中，选择合适的模型对象，如图 4-66 所示。

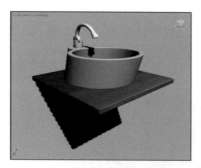

图 4-65　打开素材模型　　　　　　图 4-66　选择模型对象

Step 03 切换至"修改"面板 ，在"修改器列表"下拉列表框中，选择"壳"选项，如图 4-67 所示。

Step 04 在"参数"卷展栏中，设置"外部量"为 7，如图 4-68 所示。

图 4-67　选择"壳"选项　　　　　　图 4-68　设置参数值

▶ **专家指点**

在"参数"卷展栏中，各主要选项的含义如下。

➢ 内部量/外部量：以 3ds Max 2020 通用单位表示的距离，按此距离从原始位置将内部曲面向内移动以及将外部曲面向外移动。

➢ 分段：用于设置每一边的细分值，默认设置为 1。

➢ 倒角边：选中该复选框后，并指定"倒角样条线"，3ds Max 2020 会使用样条线定义边的剖面和分辨率。

➢ 倒角样条线：单击该按钮，可以打开样条线定义边的形状和分辨率。

➢ 覆盖内部材质 ID：选中该复选框后，将使用"内部材质 ID"参数为所有的内部曲面多边形指定材质 ID。

➢ 覆盖外部材质 ID：选中该复选框后，将使用"外部材质 ID"参数为所有的外部曲面多边形指定材质 ID。

➢ 覆盖边材质 ID：选中该复选框后，在使用"边材质 ID"参数时，可以为所有的多边形指定材质 ID。

Step **05** 按【Enter】键确认，即可编辑"壳"修改器，按【F9】键进行渲染，效果如图 4-69 所示。

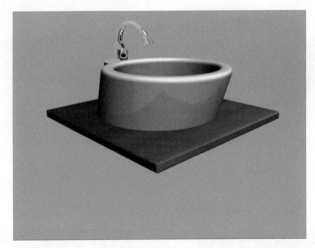

图 4-69 渲染模型效果

▶ 专家指点

除了运用上述方法可以编辑"壳"修改器外，还可以在菜单栏中，单击"修改器"|"参数化变形器"|"壳"命令。

4.5.5 编辑"倾斜"修改器

使用"倾斜"修改器，可以在三个轴向的任意一个轴向上控制偏移的方向和角度。下面介绍编辑"倾斜"修改器的操作步骤。

编辑"倾斜"修改器

Step **01** 按【Ctrl + O】组合键，打开素材模型（资源\素材\第 4 章\竹篮.max），如图 4-70 所示。

Step **02** 在视图中，选择所有的模型对象，在"修改"面板 的"修改器列表"下拉列表框中选择"倾斜"选项，如图 4-71 所示。

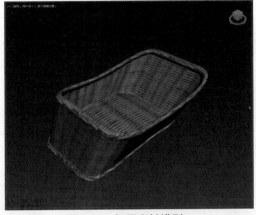

图 4-70 打开素材模型

图 4-71 选择"倾斜"选项

Step **03**　在"参数"卷展栏中,设置"倾斜"选项区中的"数量"为-100 mm,如图 4-72 所示。

Step **04**　按【Enter】键确认,即可编辑"倾斜"修改器,按【F9】键进行快速渲染,效果如图 4-73 所示。

图 4-72　设置参数值

图 4-73　渲染模型效果

▶ 专家指点

　　"倾斜"修改器可以在对象几何体中产生均匀的偏移,还可以限制几何体部分的倾斜。

4.5.6　编辑"切片"修改器

　　使用"切片"修改器,可以通过基于切片平面的位置创建新的顶点、边和面,创建通过网格切片的切割平面。下面介绍编辑"切片"修改器的操作步骤。

编辑"切片"修改器

Step **01**　按【Ctrl + O】组合键,打开素材模型(资源\素材\第 4 章\青苹果.max),如图 4-74 所示。

Step **02**　在视图中,选择苹果模型对象,在"修改"面板 的"修改器列表"下拉列表框中选择"切片"选项,如图 4-75 所示。

图 4-74　打开素材模型

图 4-75　选择"切片"选项

Step**03** 在"切片参数"卷展栏的"切片类型"选项区中，选中"移除顶部"单选按钮，如图 4-76
所示。

Step**04** 执行上述操作后，即可编辑"切片"修改器，按【F9】键进行快速渲染，效果如图 4-77
所示。

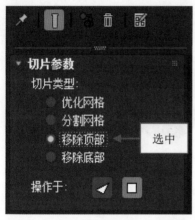

图 4-76 选中"移除顶部"单选按钮

图 4-77 渲染模型效果

▶ 专家指点

在"切片参数"卷展栏中，各主要选项的含义如下。

➢ 优化网格：选中该单选按钮后，可以沿着几何体相交处，使用切片平面添加新的
顶点和边。平面切割的面可细分为新的面。

➢ 分割网格：选中该单选按钮后，可以沿着平面边界添加双组顶点和边，产生两个
分离的网格，这样可以根据需要进行不同的修改。

➢ 移除顶部：选中该单选按钮后，可以删除"切片平面"顶部所有的面和顶点。

➢ 移除底部：选中该单选按钮后，可以删除"切片平面"底部所有的面和顶点。

另外，除了运用上述方法可以编辑"切片"修改器外，还可以在菜单栏中，单击"修
改器"|"参数化变形器"|"辑切"命令。

4.5.7 编辑"平滑"修改器

使用"平滑"修改器，可以使基于相邻面的对象提供自动平
滑。通过将面组成平滑组，平滑消除几何体的面，在渲染的时候，
可以将同一平滑组的面显示为平滑曲面。下面介绍编辑"平滑"
修改器的操作步骤。

编辑"平滑"修改器

▶ 专家指点

除了运用下面实例中介绍的方法编辑"平滑"修改器外，还可以在菜单栏中，单击"修
改器"|"参数化变形器"|"平滑"命令。

Step 01 按【Ctrl + O】组合键，打开素材模型（资源\素材\第 4 章\书桌.max），如图 4-78 所示。

Step 02 在视图中，选择合适的模型对象，如图 4-79 所示。

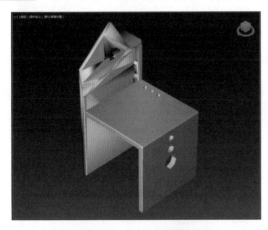

图 4-78 打开素材模型

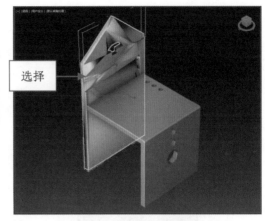

图 4-79 选择合适的模型对象

Step 03 切换至"修改"面板 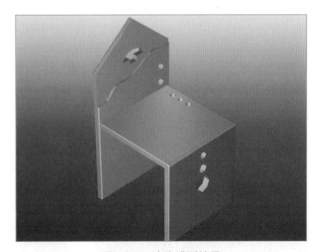，在"修改器列表"下拉列表框中选择"平滑"选项，如图 4-80 所示。

Step 04 执行上述操作后，即可编辑"平滑"修改器，按【F9】键进行快速渲染，效果如图 4-81 所示。

图 4-80 选择"平滑"选项

图 4-81 渲染模型效果

4.5.8 编辑"锥化"修改器

使用"锥化"修改器，可以通过缩放对象几何体的两端产生锥化轮廓。一端放大而另一端缩小，可以在两组轴上控制锥化的量和曲线，也可以对几何体的一段限制锥化。选择"锥化"修改器后，"参数"卷展栏如图 4-82 所示。可以调整"参数"卷展栏中的相应参数，得到锥化后的图形渲染效果，如图 4-83 所示。

在"参数"卷展栏中，各主要选项的含义如下。

> ➢ 数量：用于缩放扩展的末端，这个量是一个相对值，最大为 10。
> ➢ 曲线：用于对锥化 gizmo 的侧面应用曲率，因此影响锥化对象的图形。
> ➢ 主轴：用于锥化的中心轴或中心线。
> ➢ 效果：用于表示主轴上的锥化方向轴或轴对称。
> ➢ 对称：选中该复选框后，可以围绕主轴产生对称锥化。

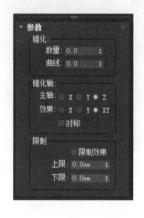 

图 4-82　"参数"卷展栏　　　　　图 4-83　锥化后的图形渲染效果

4.6　常用二维造型修改器

二维模型修改器，可以将二维图形直接转变为三维模型，包括"挤出""倒角"以及"车削"等修改器。本节主要介绍常用二维造型修改器的使用方法。

4.6.1　"挤出"修改器

"挤出"修改器是将二维模型转换为三维模型的重要建模方法之一，也是 3ds Max 2020 中最常用的模型编辑方式。挤出造型的基本原理是利用二维图形作为图形轮廓，制作出相同形状、厚度的可调节三维模型。如图 4-84 所示为挤出图形的前后效果对比图。

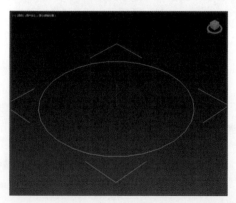 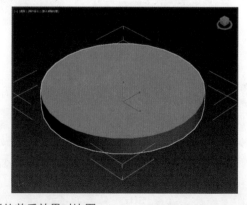

图 4-84　挤出图形的前后效果对比图

　　在使用"挤出"修改器时，必须确保原样条线是封闭的，否则不能挤出实体。

　　切换至"修改"面板，在"修改器列表"下拉列表框中选择"挤出"选项，即可展开"挤出"修改器面板和"参数"卷展栏，如图 4-85 所示。

图 4-85　"挤出"修改器面板和"参数"卷展栏

　　在"参数"卷展栏中，各主要选项的含义如下。

- ➤ 数量：用于设置挤出的厚度。
- ➤ 分段：用于设置挤出线段的数目。
- ➤ 封口始端：选中该复选框后，生成挤出的端面为起始处。
- ➤ 封口末端：选中该复选框后，生出挤出的端面为结束处。
- ➤ 变形：选中该单选按钮后，会以变形方式产生端面效果。
- ➤ 栅格：选中该单选按钮后，会以栅格方式产生端面效果。
- ➤ 面片：选中该单选按钮后，会以面片作为基本单位创建对象。
- ➤ 网格：选中该单选按钮后，会以网格作为基本单位创建对象。
- ➤ NURBS：选中该单选按钮后，会采用非均匀样条的输出方式。
- ➤ 生成贴图坐标：选中该复选框后，会将贴图坐标应用到挤出对象中。
- ➤ 真实世界贴图大小：选中该复选框后，可控制应用于该对象的纹理贴图材质所使用的缩放方法。
- ➤ 生成材质 ID：将不同的材质 ID 指定给挤出对象侧面与封口。当创建一个挤出对象时，此复选框默认为选中状态；但如果从 max 文件中加载一个挤出对象，将禁用此复选框，同时保持该对象在 R1.x 中指定的材质 ID 不变。
- ➤ 使用图形 ID：将材质 ID 指定给在挤出产生的样条线中的线段，或指定给在 NURBS 挤出产生的曲线子对象。
- ➤ 平滑：用于使建立的对象尽可能平滑显示。

4.6.2 "车削"修改器

"车削"修改器可以将二维图形对象转化为三维旋转模型，通过绕轴旋转一个图形或由NURBS曲线创建三维对象，该修改器常用于制作酒坛、花瓶等旋转体模型。下面介绍使用"车削"修改器的操作步骤。

"车削"修改器

Step 01 按【Ctrl + O】组合键，打开素材模型（资源\素材\第 4 章\灯具.max），如图 4-86 所示。

Step 02 在视图中，选择线条对象，如图 4-87 所示。

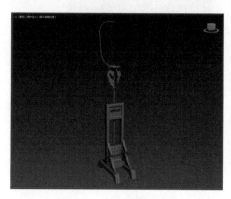

图 4-86 打开素材模型

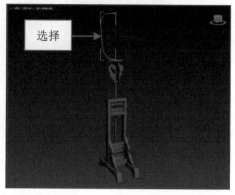

图 4-87 选择线条对象

Step 03 切换至"修改"面板，在"修改器列表"下拉列表框中，选择"车削"选项，在展开的"参数"卷展栏中，单击 Y 按钮，如图 4-88 所示。

Step 04 执行上述操作后，即可编辑"车削"修改器，按【F9】键进行快速渲染，效果如图 4-89 所示。

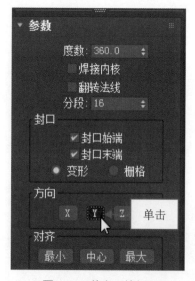

图 4-88 单击 Y 按钮

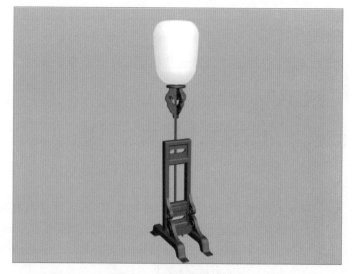

图 4-89 渲染模型效果

▶ 专家指点

在执行"车削"修改器的操作时,如果原样条线是开放的,则旋转体为没有厚度的三维实体;如果原样条线是封闭的,则旋转体为具有厚度的三维实体。

本章小结

本章主要介绍二维图形的创建和编辑方法,具体包括创建样条线、编辑样条线、编辑顶点和线段、编辑变形修改器、编辑效果修改器以及常用二维造型修改器等内容。通过本章的学习,希望读者能够很好地掌握创建和编辑二维图形的方法。

课后习题

课后习题

鉴于本章知识的重要性,为了帮助读者更好地掌握所学知识,本节将通过上机习题,帮助读者进行简单的知识回顾和补充。

本习题需要掌握在 3ds Max 2020 中使用弧工具创建弧二维图形,素材和效果的对比如图 4-90 所示。

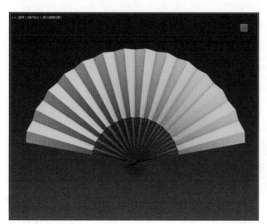 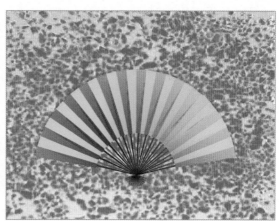

图 4-90　素材和效果的对比图

第 5 章
创建与编辑三维建模

环顾日常生活中的实体模型，它们有的是规则的，有的是不规则的。在模型设计中，通过编辑和调整实体模型，可以对规则的形状进行相应的改变。本章主要介绍创建与编辑三维建模的基本操作方法。

本章重点

➢ 创建标准基本体
➢ 创建扩展基本体
➢ 常用三维造型修改器
➢ 创建与编辑复合建模
➢ 创建常见的 3D 模型

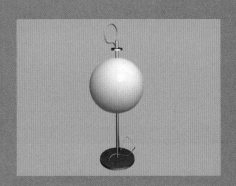

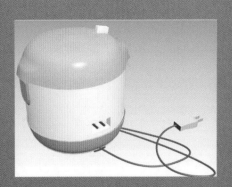

5.1 创建标准基本体

在 3ds Max 2020 中，标准基本体就像现实世界中的足球、管道以及冰淇淋等形状，是构造三维模型的基础。本节详细介绍创建标准基本体的操作方法。

5.1.1 创建长方体

长方体是各种模型中最基本和最常用的模型，常用于设计日常生活中的家具和房屋等模型。下面介绍创建长方体的操作步骤。

创建长方体

Step 01 按【Ctrl + O】组合键，打开素材模型（资源\素材\第 5 章\桌子.max），如图 5-1 所示。

Step 02 展开"创建"面板 ，在"对象类型"卷展栏中单击"长方体"按钮，如图 5-2 所示。

图 5-1 打开素材模型

图 5-2 单击"长方体"按钮

Step 03 移动鼠标指针至顶视图中，单击鼠标左键并拖曳至合适位置，释放鼠标，创建一个长方体，如图 5-3 所示。

Step 04 在"参数"卷展栏中，设置"长度"为 530、"宽度"为 1 740、"高度"为 50，如图 5-4 所示。

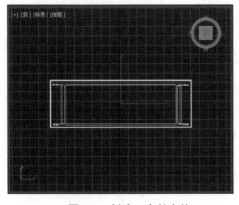

图 5-3 创建一个长方体

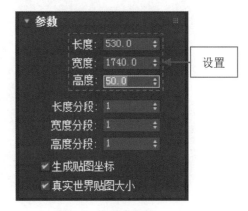

图 5-4 设置参数值

Step 05 在视图中，移动长方体对象至合适的位置，如图 5-5 所示。

Step **06** 为对象赋予合适的材质，按【F9】键进行快速渲染，效果如图 5-6 所示。

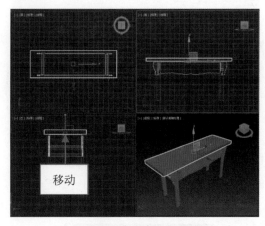

图 5-5　移动模型位置　　　　　　　　　　　图 5-6　渲染模型效果

▶ 专家指点

　　除了运用上述方法可以创建长方体外，还可以在菜单栏中，单击"创建"|"标准基本体"|"长方体"命令。

5.1.2　创建球体

　　球体一般由四角面片组成。通过"球体"命令，可以生成完整的球体、半球体或球体的某部分，还可以围绕球体的垂直轴对其进行切片。下面介绍创建球体的操作步骤。

创建球体

Step **01** 按【Ctrl + O】组合键，打开素材模型（资源\素材\第 5 章\台灯.max），如图 5-7 所示。

Step **02** 在"对象类型"卷展栏中，单击"球体"按钮，如图 5-8 所示。

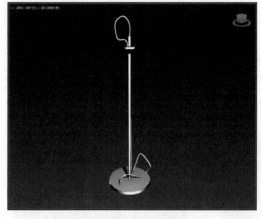

图 5-7　打开素材模型　　　　　　　　　　　图 5-8　单击"球体"按钮

Step 03 移动鼠标指针至顶视图中，按住鼠标左键并拖曳至合适位置，释放鼠标，创建一个球体，如图 5-9 所示。

Step 04 在"参数"卷展栏中，设置"半径"为 69，如图 5-10 所示。

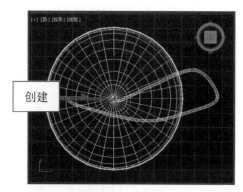

图 5-9　创建球体

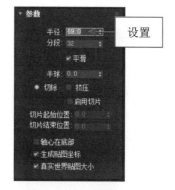

图 5-10　设置参数值

▶ **专家指点**

在"参数"卷展栏中，各主要选项的含义如下。

- ➤ 半径：用于设置球体的半径。
- ➤ 分段：用于设置球体模型的段数，段数越多，球体表面就越光滑，同时也会在一定程度上影响计算机的速度。
- ➤ 半球：调整参数，可将球体修改为半球体。
- ➤ 切除：在完整的球体模型情况下不起作用，主要用于调整半球模型，选中该单选按钮，原来的网格划分格数将被切除。
- ➤ 挤压：选中该单选按钮，原来的网格划分格数被保留并挤入剩余的半球体。
- ➤ 启用切片：用于设置是否对当前的球体模型进行切割处理，可制作不完整的模型。
- ➤ 轴心在底部：选中该复选框，则以球体底部与某个水平平面相切的点为基准点创建球体；若取消选中该复选框，则以球心为基准点创建球体。
- ➤ 生成贴图坐标：选中该复选框后，则球体表面可以进行贴图处理。

Step 05 在视图中调整球体至合适位置，为其赋予合适的材质，按【F9】键进行快速渲染，效果如图 5-11 所示。

图 5-11　渲染模型效果

▶ 专家指点

除了运用上述方法可以创建球体外，还可以在菜单栏中，单击"创建"|"标准基本体"|"球体"命令。

5.1.3 创建圆锥体

使用圆锥体可以创建直立或倒立的圆锥、圆台、棱柱以及棱台对象。单击"圆锥体"按钮，在视图中按住鼠标左键并拖曳，绘制一个圆来确定圆锥体的底面，在视图中上下移动鼠标指针以确定圆锥体的高度，在合适位置处单击鼠标左键，再次移动鼠标指针并单击鼠标左键以确定圆锥体顶面的半径，单击鼠标右键即可创建完成。如图 5-12 所示为使用圆锥体制作的沙漏模型。在"创建"面板➕下方展开"参数"卷展栏，如图 5-13 所示。

图 5-12 沙漏模型效果

图 5-13 "参数"卷展栏

在"参数"卷展栏中，各主要选项的含义如下。

➢ 半径 1：用于设置圆锥体的底面半径。

➢ 半径 2：用于设置圆锥体的顶面半径。

➢ 高度：用于设置圆锥体的高度。

➢ 高度分段：用于设置圆锥体高度方向上的分段，决定模型表面的光滑度，数值越高，表面就越光滑。

➢ 端面分段：用于设置圆锥体底面和顶面方向上的分段。

➢ 边数：用于设置圆锥体底面圆形边缘的分段数，控制底面圆形边缘处的光滑程度。

➢ 平滑：用于设置是否对模型的表面进行光滑处理。默认情况下，"平滑"复选框为选中状态，对象以光滑表面显示。

➢ 启用切片：用于设置是否对当前的圆锥体模型进行切割处理，从而制作出不完整的模型。

▶ 专家指点

在创建圆锥体时，两个面的半径若有一个为 0，则为圆锥体；若都不为 0 且不相等，则为圆台；若都不为 0 且相等，则为圆柱体。

创建几何球体

5.1.4　创建几何球体

几何球体的创建方法和外观与球体都相同，只是用途不同。一般球体由四角平面组成，而几何球体是由三角平面拼接而成的。下面介绍创建几何球体的操作步骤。

Step 01　按【Ctrl + O】组合键，打开素材模型（资源\素材\第 5 章\吊灯.max），如图 5-14 所示。

Step 02　在"对象类型"卷展栏中，单击"几何球体"按钮，如图 5-15 所示。

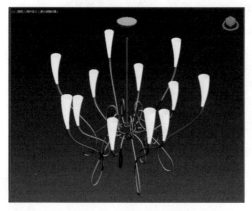

图 5-14　打开素材模型

图 5-15　单击"几何球体"按钮

Step 03　移动鼠标指针至顶视图中，按住鼠标左键并拖曳至合适位置，释放鼠标，即可创建一个几何球体，如图 5-16 所示。

Step 04　在"参数"卷展栏中，设置"半径"为 4，如图 5-17 所示。

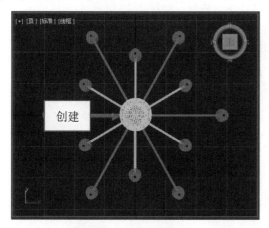

图 5-16　创建几何球体

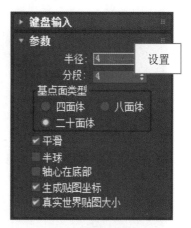

图 5-17　设置参数值

> ▶ **专家指点**
>
> 　　除了运用上述方法可以创建几何球体外，还可以在菜单栏中，单击"创建"|"标准基准体"|"几何球体"命令。

Step 05 在视图中，移动几何球体至合适位置，为其赋予合适的材质，按【F9】键进行快速渲染，效果如图 5-18 所示。

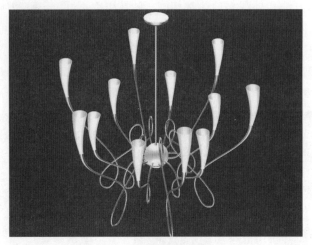

图 5-18　渲染模型效果

5.1.5　创建圆柱体

圆柱体是圆锥体的一种特殊形式，使用"圆柱体"命令，可以生成圆柱型物体，也可以围绕其主轴进行切片。下面介绍创建圆柱体的操作步骤。

创建圆柱体

Step 01 按【Ctrl＋O】组合键，打开素材模型（资源\素材\第 5 章\落地灯.max），如图 5-19 所示。
Step 02 在"对象类型"卷展栏中，单击"圆柱体"按钮，如图 5-20 所示。

图 5-19　打开素材模型

图 5-20　单击"圆柱体"按钮

▶ 专家指点

　　除了运用本实例中的方法可以创建圆柱体外，还可以在菜单栏中，单击"创建"|"标准基准体"|"圆柱体"命令。

Step 03 移动鼠标指针至顶视图中，单击鼠标左键并拖曳至合适位置，释放鼠标，即可创建一个圆柱体，如图 5-21 所示。

Step 04 在"参数"卷展栏中，设置"半径"为 12、"高度"为-650，如图 5-22 所示。

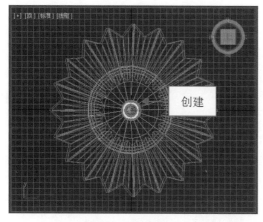

图 5-21 创建圆柱体

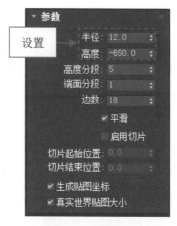

图 5-22 设置参数值

Step 05 在视图中，移动圆柱体至合适位置，为其赋予合适的材质，按【F9】键进行快速渲染，效果如图 5-23 所示。

图 5-23 渲染模型效果

5.2 创建扩展基本体

在 3ds Max 2020 中除了标准基本体模型外，还有扩展基本体模型。扩展基本体模型是标准基本体模型的一种扩展模型，它们的创建方法与标准基本体模型一样，却有着相对复杂的结构。本节主要介绍扩展基本体的基本知识和创建方法。

5.2.1 创建异面体

异面体用于创建各种类型的多面体和星形，是一种形状复杂的扩展基本体，但创建方法与标准基本体的创建方法基本相同，其"参数"卷展栏如图 5-24 所示。

在"参数"卷展栏中，各主要选项的含义如下。

- ➢ 系列：该选项区用于设置异面体的类型，包括"四面体""立方体/八面体""十二面体/二十面体""星形 1"和"星形 2"五个单选按钮，选中不同的单选按钮，将创建不同类型的异面体，如图 5-25 所示。
- ➢ 系列参数：P 和 Q 数值框用于控制异面体表面构成的图案形状，取值范围为 0~1，输入不同的数值将得到不同的形状。
- ➢ 轴向比率：通过设置 P、Q 和 R 数值框中的数值，可以调节异面体表面向外或向内凹凸的程度。
- ➢ 顶点：用于设置异面体的"基点""中心"和"中心和边"三种生成方式，通过该选项区可以设置异面体表面的细分程度。
- ➢ 半径：用于设置异面体轮廓的半径。
- ➢ 生成贴图坐标：选中该复选框，将贴图材质用于多面体的坐标。

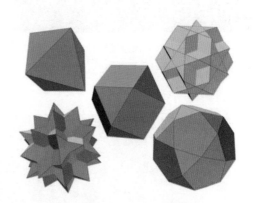

图 5-24 "参数"卷展栏   图 5-25 异面体系列

▶ 专家指点

创建异面体有以下两种方法。
- ➢ 命令：单击菜单栏中的"创建"|"扩展基本体"|"异面体"命令。
- ➢ 按钮：在"创建"面板 ✚ 的"几何体"列表框中，选择"扩展基本体"选项，在展开的"对象类型"卷展栏中，单击"异面体"按钮。

5.2.2 创建油罐

油罐模型因与现实中的油罐相似而得名，它的顶部和底部隆起如球状，可以用来制作带有凸面封口的圆柱体。下面介绍创建油罐的操作步骤。

创建油罐

▶ 专家指点

除了运用本实例中的方法可以创建油罐外，还可以在菜单栏中，单击"创建"|"扩展基准体"|"油罐"命令。

Step 01 按【Ctrl+O】组合键，打开素材模型（资源\素材\第 5 章\木桶.max），如图 5-26 所示。

Step 02 在"创建"面板➕的"几何体"列表框中，❶选择"扩展基本体"选项；❷单击"对象类型"卷展栏中的"油罐"按钮，如图 5-27 所示。

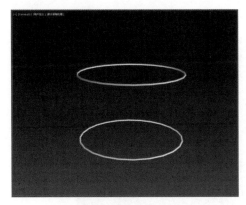

图 5-26　打开素材模型　　　　　　　图 5-27　单击"油罐"按钮

Step 03 移动鼠标指针至顶视图中，单击鼠标左键并拖曳至合适位置，释放鼠标，即可创建一个油罐，如图 5-28 所示。

Step 04 在"参数"卷展栏中，设置"半径"为 2 300、"高度"为 3 600、"封口高度"为 60、"边数"为 24，如图 5-29 所示。

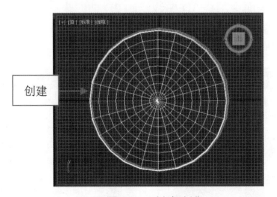

图 5-28　创建油罐　　　　　　　图 5-29　设置参数值

▶ **专家指点**

在"参数"卷展栏中，各主要选项含义如下。

➤ 半径：用于设置油罐的半径。

➤ 高度：用于设置沿着中心轴的维度。负数值将在构造平面下创建油罐模型。

➤ 封口高度：用于设置凸面封口的高度。

➤ 总体：选中该单选按钮，则"高度"值表示整个油罐的高度。

➤ 中心：选中该单选按钮，则"高度"值表示从中心到一端的高度。

➤ 混合：用于在参数大于 0 时将在封口的边缘创建倒角。

➤ 边数：用于设置油罐周围的边数。

➤ 高度分段：用于设置沿着油罐主轴的分段数量。

Step 05 在视图中，移动油罐至合适位置，并为其赋予合适的材质，按【F9】键进行快速渲染，效果如图 5-30 所示。

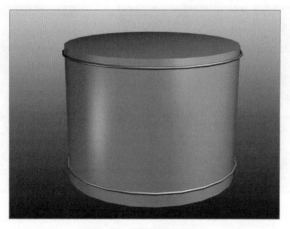

图 5-30　渲染模型效果

5.2.3　创建环形结

使用"环形结"命令可以通过在正常平面中围绕 3D 曲线绘制 2D 曲线来创建复杂或带结的环形。其"创建方法"和"键盘输入"卷展栏与圆环体相似，可以参照圆环体的参数特性。如图 5-31 所示为环形结的"参数"卷展栏。

 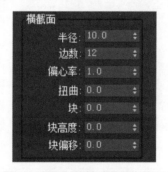 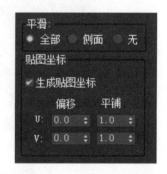

图 5-31　环形结的"参数"卷展栏

在环形结"参数"卷展栏中，各主要选项的含义如下。

➢ 结：选中该单选按钮，则创建的对象是打结的，如图 5-32 所示。

➢ 圆：选中该单选按钮，则创建的对象是不打结的，如图 5-33 所示。

➢ 半径：用于设置创建环形结的半径大小。

➢ 分段：用于设置环形结的片段数，以调整其表面的光滑度。

➢ P/Q：该数值框用于设置两个方向上打节的数目。只有选中"结"单选按钮，该数值框才有效。

➢ 扭曲数：用于设置环形结突出的小弯曲角的数目。

➢ 扭曲高度：用于设置每个弯曲角突出的高度。

- ➢ 边数：用于设置截面沿圆周方向的片段数。
- ➢ 偏心率：用于设置截面对圆形的偏离程序，离心率越接近1，该截面就越接近圆形。
- ➢ 扭曲：用于设置环形结表面扭曲的程度。
- ➢ 块：用于设置整个环形结上肿块的高度。
- ➢ 块偏移：用于设置环形结上起始肿块偏离的距离。随着该值的增大，各肿块依次向后推进，但仍保持相同距离，好像环形结在旋转一样，由此构成动画。
- ➢ 全部：选中该单选按钮，对所有的面进行平滑处理。
- ➢ 侧面：选中该单选按钮，只对纵向的面进行平滑处理。
- ➢ 无：选中该单选按钮，可以对任何一个表面都不进行平滑处理。
- ➢ 贴图坐标：用于设置贴图坐标依据曲线路径来指定，需要重新指定贴图在路径上的重复次数和偏移量。

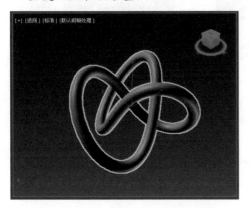

图 5-32　选中"结"单选按钮效果

图 5-33　选中"圆"单选按钮效果

5.3　常用三维造型修改器

三维模型修改器可以用来修改三维模型，完成各种复杂的造型，3ds Max 2020 提供了很多三维修改器，如摄影机贴图修改器、补洞修改器以及替换修改器等。本节主要介绍常用三维造型修改器的应用方法。

5.3.1　摄影机贴图修改器

使用"摄影机贴图"修改器，是基于当前帧和摄影机贴图修改器中指定的摄影机来指定平面贴图坐标。下面介绍应用"摄影机贴图"修改器的操作步骤。

摄影机贴图修改器

▶ 专家指点

除了运用本实例中的方法可以应用"摄影机贴图"修改器外，还可以在菜单栏中，单击"修改器"|"UV 坐标"|"摄影机贴图"命令。

Step 01 按【Ctrl + O】组合键，打开素材模型（资源\素材\第 5 章\相框.max），如图 5-34 所示。

Step 02 在视图中，选择 Rectangle01 对象，在"修改"面板 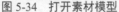 的"修改器列表"下拉列表框中选择"摄影机贴图"选项，如图 5-35 所示。

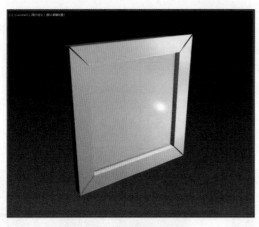

图 5-34　打开素材模型　　　　　图 5-35　选择"摄影机贴图"选项

Step 03 在"摄影机贴图"卷展栏中，单击"拾取摄影机"按钮，移动鼠标指针至前视图中，拾取摄影机对象，则贴图跟随变化，按【F9】键进行快速渲染，效果如图 5-36 所示。

图 5-36　渲染模型效果

5.3.2　补洞修改器

"补洞"修改器是运用在网格对象上的洞创建封口面，这些洞是由一些封闭的边组成的。也可将对象表面破碎穿孔的地方加盖，进行补漏处理。下面介绍应用"补洞"修改器的操作步骤。

补洞修改器

▶ **专家指点**

　　除了运用本实例中的方法可以应用"补洞"修改器外，还可以在菜单栏中，单击"修改器"|"网格编辑"|"补洞"命令。

Step 01　按【Ctrl + O】组合键，打开素材模型（资源\素材\第 5 章\电饭煲.max），如图 5-37 所示。

Step 02　选择中间的主体对象，在"修改"面板 的"修改器列表"下拉列表框中选择"补洞"选项，如图 5-38 所示。

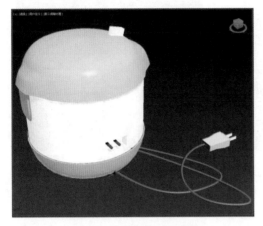

图 5-37　打开素材模型

图 5-38　选择"补洞"选项

Step 03　执行上述操作后，即可补好选定对象所缺的网格，按【F9】键进行快速渲染，效果如图 5-39 所示。

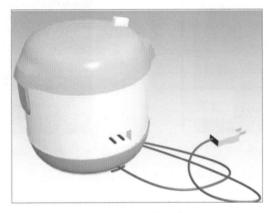

图 5-39　渲染模型效果

5.3.3　替换修改器

替换修改器

使用"替换"修改器，可以在视口中快速的用其他对象替换一个或多个对象，替换对象可以是来自当前场景的实例，也可以是引用外部文件。下面介绍应用"替换"修改器的操作步骤。

▶ 专家指点

　　除了运用本实例中的方法可以应用替换修改器外，还可以在菜单栏中，单击"修改器"｜"参数化变形器"｜"替换"命令。

Step 01 按【Ctrl + O】组合键，打开素材模型（资源\素材\第 5 章\柠檬.max），如图 5-40 所示。

Step 02 在视图中，选择合适的柠檬对象，如图 5-41 所示。

图 5-40　打开素材模型

图 5-41　选择合适的柠檬对象

Step 03 在"修改"面板 的"修改器列表"下拉列表框中选择"替换"选项，如图 5-42 所示。

Step 04 在"参数"卷展栏中，单击"拾取场景对象"按钮，如图 5-43 所示。

图 5-42　选择"替换"选项

图 5-43　单击"拾取场景对象"按钮

Step 05 移动鼠标指针至视图中，选择合适的对象，弹出提示信息框，单击"是"按钮，如图 5-44 所示。

Step 06 即可替换所选对象，按【F9】键进行快速渲染，效果如图 5-45 所示。

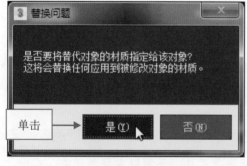

图 5-44　单击"是"按钮

图 5-45　渲染模型效果

5.4　创建与编辑复合建模

在现实生活中还有多个对象构成的复合高级模型，这就需要使用一些特殊的方法创建，如变形建模、散布建模以及布尔建模等。本节主要介绍复合模型的基本知识和创建方法。

5.4.1　变形与散布建模

变形与散布建模

散布建模主要用来将所选的源对象散布为阵列，或散布到分布对象的表面。通常使用结构简单的模型作为散布对象。而变形建模可产生一个由一种形状转化为另一种形状的动画，是一种与 2D 动画中的中间动画类似的动画技术。本节主要介绍变形与散布建模的操作方法。

1．创建变形

变形是指一个模型的外观产生变化的过程，而且通常是由一个模型变成另外的模型。下面介绍创建变形的操作步骤。

Step 01　按【Ctrl + O】组合键，打开素材模型（资源\素材\第 5 章\灯罩.max），如图 5-46 所示。

Step 02　在视图中，选择 Line06 对象，如图 5-47 所示。

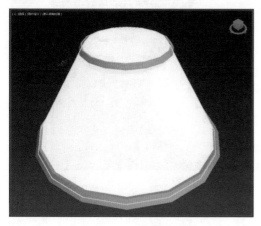

图 5-46　打开素材模型

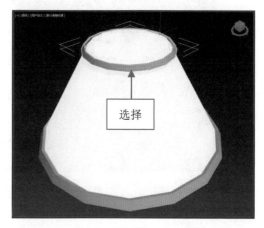

图 5-47　选择 Line06 对象

Step 03　在"创建"面板的"几何体"列表框中，❶选择"复合对象"选项；❷单击"对象类型"卷展栏中的"变形"按钮，如图 5-48 所示。

Step 04　在"拾取目标"卷展栏中，❶单击"拾取目标"按钮；❷在"变形目标"列表框中选择 M_Line06 对象；❸单击"创建变形关键点"按钮，如图 5-49 所示。

> ▶ **专家指点**
>
> 拾取目标对象时，可以将每个目标指定为参考、移动、复制或实例，可以根据创建变形之后，对场景对象的使用方式进行选择。

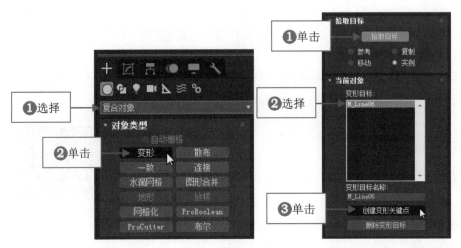

图 5-48　单击"变形"按钮　　　　　图 5-49　单击相应的按钮

Step 05　将时间滑块移到第 30 帧位置，在前视图中选择 Line05 对象，即可产生变形效果，如图 5-50 所示。

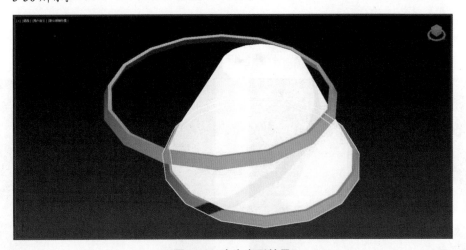

图 5-50　产生变形效果

▶ **专家指点**

　　除了运用上述方法可以创建变形外，还可以在菜单栏中，单击"创建"|"复合"|"变形"命令。

2. 散布建模

　　"散布"复合建模工具非常适用于创建分布在对象表面且杂乱无章的模型，如草和石块等。在视图中创建一个对象，单击"创建"面板➕中的"几何体"按钮，在"标准基本体"下拉列表中选择"复合对象"选项，展开"对象类型"卷展栏；单击"散布"按钮，展开"散布"卷展栏，如图 5-51 所示。

　　单击"拾取分布对象"卷展栏中的"拾取分布对象"按钮，可以在场景中选择一个作为分布对象的对象。

图 5-51　"散布"卷展栏

在"散布"卷展栏中,各主要选项的含义如下。

➢ 对象: 显示使用"拾取分布对象"按钮选择的分布对象的名称。

➢ 拾取分布对象: 单击该按钮,然后在场景中单击一个对象,将其指定为分布对象。

➢ 参考/复制/移动/实例: 用于指定将分布对象转换为散布对象的方式。

➢ 使用分布对象: 选中该单选按钮,可以使用分布对象表面来分布散布。

➢ 仅使用变换: 选中该单选按钮,则无需分布对象,而是使用"变换"卷展栏上的偏移值来定位源对象的重复项。如果所有变换偏移值均保持为 0,则看不到阵列,这是因为重复项都位于同一位置。

➢ 对象: 用于显示选择对象的名称。

➢ 源名: 用于重命名散布复合对象中的源对象。

➢ 分布名: 用于重命名分布对象。

➢ 实例/复制: 用于指定提取操作对象的方式。

➢ 提取运算对象: 用于将选择的对象提取出来,成为一个单独的运算对象。

➢ 重复数: 用于设置散布分子的数量。

➢ 基础比例: 用于改变源对象的比例,同样也影响到每个重复项。该比例作用于其他任何的变换之前。

➢ 顶点混乱度: 用于设置散布分子本身的顶点混乱度。

➢ 动画偏移: 用于设置每个散布分子开始自身运动间隔的帧数。

➢ 垂直: 用于设置复制的散布分子是否垂直于原始离散分子对象。

➢ 仅使用选定面: 选中该复选框,可以选择副本所位于的对象面。

➢ 区域: 选中该单选按钮,可以使散布对象在表面区域均匀分布。

➢ 偶校验: 选中该单选按钮,可以使散布对象每隔一个面放置一个复制对象。

➢ 跳过 N 个: 选中该单选按钮,可以指定在下一个重复项之前要跳过的面数。当数值为 0 时,则不跳过任何面;当数值为 1 时,则跳过相邻的面。

➢ 随机面: 选中该单选按钮,在分布对象的表面随机放置重复项。

➢ 沿边: 该单选按钮可以将散布对象随机分布在对象表面的边缘上。

➢ 所有顶点：该单选按钮可以将散布对象匹配到每个面的顶点位置。

➢ 所有边的中点：该单选按钮可将散布对象匹配到每条边的中心位置。

➢ 所有面的中心：选中该单选按钮，可以将散布对象匹配到每个面的中心位置。

➢ 体积：选中该单选按钮，可以将散布对象分布在对象的体积范围内。

➢ 结果：选中该单选按钮，可以在视图中直接显示散布的结果。

➢ 运算对象：选中该单选按钮，可以显示散布前的散布分子和对象。

➢ 变换：使用"变换"卷展栏中的设置，可以对每个重复对象应用随机变换偏移。

➢ 显示：提供了影响散布对象显示的选项。

➢ 加载/保存预设：用于存储当前值，以用在其他散布对象中。

5.4.2　网格与一致建模

一致对象是一种复合对象，若要创建一致对象，首先需要定位两个对象，其中一个为"包裹器"，另一个为"包裹对象"。使用"一致"建模，可以在一个对象表面创建另一个对象，创建的对象将会像水流一样流向前一个对象。下面介绍创建一致对象的操作步骤。

网格与一致建模

Step 01　按【Ctrl＋O】组合键，打开素材模型（资源\素材\第5章\沙发.max），如图5-52所示。

Step 02　在视图中，选择坐垫对象，如图5-53所示。

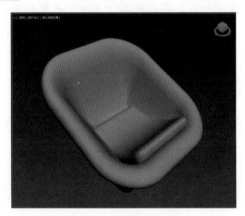

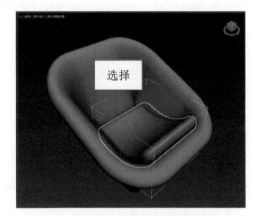

选择

图 5-52　打开素材模型　　　　　　图 5-53　选择坐垫对象

Step 03　在"创建"面板➕的"几何体"列表框中，❶选择"复合对象"选项；❷单击"对象类型"卷展栏中的"一致"按钮，如图5-54所示。

Step 04　在"拾取包裹到对象"卷展栏中，单击"拾取包裹对象"按钮，如图5-55所示。

Step 05　移动鼠标指针至视图中，选择沙发对象，即可包裹坐垫对象，按【F9】键进行快速渲染，效果如图5-56所示。

▶ 专家指点

　　除了运用上述方法可以创建一致对象外，还可以单击菜单栏的"创建"|"复合"|"一致"命令。

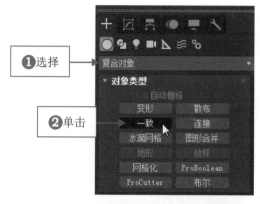

图 5-54 单击"一致"按钮

图 5-55 单击"拾取包裹对象"按钮

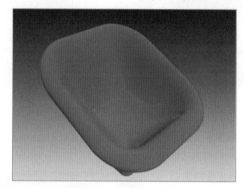

图 5-56 渲染模型效果

5.4.3 连接建模与图形合并

连接建模与图形合并

连接工具和图形合并都可以将两个对象连接或合并在一起。使用"连接"命令，可以将两个网格对象的断面自然地连接在一起，形成一个整体，如图 5-57 所示。

图 5-57 连接建模效果

使用"图形合并"命令，可以创建包含网格对象以及一个或多个图形的复合对象，这些图形嵌入在网格中，或从网格中消失。下面介绍创建图形合并对象的操作步骤。

Step 01 按【Ctrl + O】组合键，打开素材模型（资源\素材\第 5 章\窗花.max），如图 5-58 所示。

Step 02 在顶视图中，选择窗花对象，在"创建"面板➕的"几何体"列表框中，❶选择"复合对象"选项；❷单击"对象类型"卷展栏的"图形合并"按钮，如图 5-59 所示。

图 5-58　打开素材模型　　　　　　　图 5-59　单击"图形合并"按钮

Step 03 在"拾取运算对象"卷展栏中，单击"拾取图形"按钮，如图 5-60 所示。

Step 04 在顶视图中，拾取直线对象，如图 5-61 所示，即可合并图形对象。

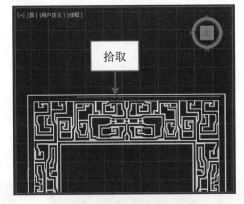

图 5-60　单击"拾取图形"按钮　　　　图 5-61　拾取直线对象

> ▶ 专家指点
>
> 除了运用上述方法可以图形合并对象外，还可以在菜单栏中，单击"创建"|"复合"|"图形合并"命令。

5.4.4　创建布尔建模

使用"布尔"命令可以通过对两个或两个以上的模型对象进行加或减操作，从而得到新的模型形态。下面介绍创建布尔建模的操作步骤。

创建布尔建模

Step 01　按【Ctrl + O】组合键，打开素材模型（资源\素材\第 5 章\烟灰缸.max），如图 5-62 所示。

Step 02　在透视视图中，选择切角圆柱体对象，在"创建"面板➕的"几何体"列表框中，❶选择"复合对象"选项；❷单击"对象类型"卷展栏中的"布尔"按钮，如图 5-63 所示。

图 5-62　打开素材模型　　　　　　　　　图 5-63　单击"布尔"按钮

Step 03　在"布尔参数"卷展栏中，单击"添加运算对象"按钮，如图 5-64 所示。

Step 04　在"运算对象参数"卷展栏中，单击"差集"按钮，如图 5-65 所示。

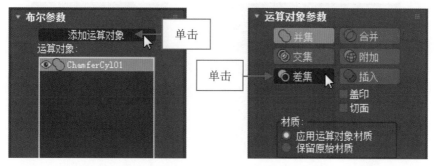

图 5-64　单击"添加运算对象"按钮　　　　　图 5-65　单击"差集"按钮

Step 05　移动鼠标指针至视图中，单击圆柱体，即可创建布尔建模，按【F9】键进行快速渲染，效果如图 5-66 所示。

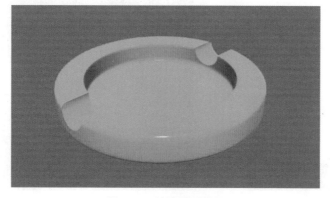

图 5-66　渲染模型效果

5.5 创建常见的 3D 模型

在 3ds Max 2020 中有一个非常令人瞩目的特色，就是具备快速创建复杂对象的能力。可以创建结构复杂的模型（如植物、栏杆以及楼梯等），即 AEC 扩展对象，只需要简单设置几个关键参数或选项，即可获得真实的 3D 模型。本节主要介绍创建 3D 植物、螺旋楼梯和 3D 窗户等对象的操作方法。

5.5.1 创建 3D 植物

利用 3ds Max 2020 提供的对象创建功能可以快速创建各种不同种类的植物，如孟加拉菩提树、一般的橡树以及芳香蒜等。下面介绍创建 3D 植物的操作方法。

创建 3D 植物

Step 01 按【Ctrl + O】组合键，打开素材模型（光盘\素材\第 5 章\盆栽.max），如图 5-67 所示。

Step 02 在"创建"面板➕的"几何体"列表框中，❶选择"AEC 扩展"选项；❷单击"对象类型"卷展栏中的"植物"按钮，如图 5-68 所示。

图 5-67 打开素材模型   图 5-68 单击"植物"按钮

Step 03 在"收藏的植物"卷展栏中，选择"美洲榆"选项，如图 5-69 所示。

Step 04 在顶视图中单击鼠标左键，即可创建美洲榆，如图 5-70 所示。

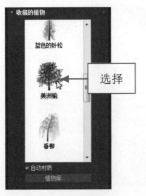

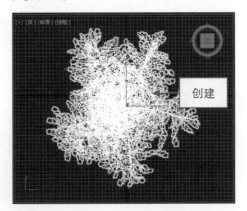

图 5-69 选择"美洲榆"选项   图 5-70 创建美洲榆

Step 05　在 "参数" 卷展栏中，设置 "高度" 为 200 cm，如图 5-71 所示。

Step 06　调整美洲榆至合适的位置，按【F9】键进行快速渲染，效果如图 5-72 所示。

图 5-71　设置参数值　　　　　　　　图 5-72　渲染模型效果

▶ 专家指点

　　除了运用上述方法可以执行 "植物" 命令外，还可以在菜单栏中，单击 "创建" |"AEC
对象" |"植物" 命令。

5.5.2　创建螺旋楼梯

创建螺旋楼梯

　　在 3ds Max 2020 中，可以直接创建一些建筑模型，如楼梯和门
对象，为建筑、工程和构造领域设计提供了极大的便利。例如，使
用 "螺旋楼梯" 工具，可以创建螺旋型的楼梯，并且可以设置楼梯
旋转的半径和数量，从而使楼梯产生不同的形态。下面介绍创建螺旋楼梯的操作方法。

Step 01　新建一个空白场景文件，在 "创建" 面板➕的 "几何体" 列表框中，❶选择 "楼梯" 选
项；❷单击 "对象类型" 卷展栏中的 "螺旋楼梯" 按钮，如图 5-73 所示。

Step 02　在顶视图中，单击鼠标左键并拖曳，创建一个螺旋楼梯，如图 5-74 所示。

图 5-73　单击 "螺旋楼梯" 按钮

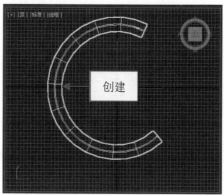

图 5-74　创建螺旋楼梯

Step **03** 在"参数"卷展栏中，❶选中"封闭式"单选按钮；❷在"布局"选项区中设置各参数；
❸在"梯级"选项区中设置各参数，如图 5-75 所示。

Step **04** 执行上述操作后，即可调整螺旋楼梯的样式，效果如图 5-76 所示。

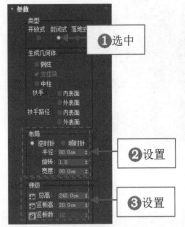

图 5-75　设置各参数

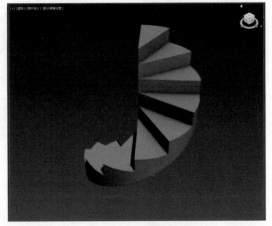

图 5-76　螺旋楼梯效果

▶ **专家指点**

除了运用上述方法可以创建螺旋楼梯外，还可以单击菜单栏中的"创建"|"AEC 对
象"|"螺旋楼梯"命令。

5.5.3　创建 3D 窗户

在 3ds Max 2020 中提供了六种类型的窗户模型，分别是平开窗、旋开窗、
遮蓬式窗、固定窗、伸出式窗以及推拉窗。例如，使用"平开窗"工具创建
出的窗户，具有一个或两个可在侧面转枢的窗框，就像门一样。下面介绍创
建平开窗的操作步骤。

创建 3D 窗户

Step **01** 新建一个空白场景文件，在"创建"面板➕的"几何体"列表框中，选择"窗"选项，
如图 5-77 所示。

Step **02** 单击"对象类型"卷展栏中的"平开窗"按钮，如图 5-78 所示。

图 5-77　选择"窗"选项

图 5-78　单击"平开窗"按钮

Step 03　在顶视图中，单击鼠标左键并拖曳，创建一个平开窗，如图 5-79 所示。

Step 04　在"参数"卷展栏中，设置各参数，如图 5-80 所示。

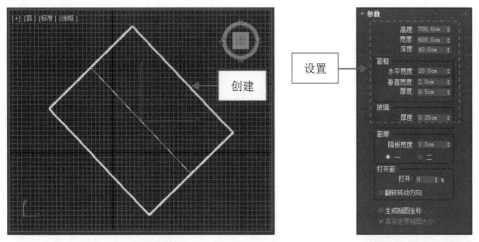

图 5-79　创建平开窗 　　　　　　　　　　　 图 5-80　设置各参数

▶ 专家指点

在"参数"卷展栏中，各主要选项含义如下。

➤ 高度/宽度/深度：用于指定窗总维数。

➤ 水平宽度：用于设置窗口框架水平部分的宽度。

➤ 垂直宽度：用于设置窗口框架垂直部分的宽度。

➤ 厚度：用于设置框架的厚度。

➤ 隔板宽度：用于在每个窗框内更改玻璃面板之间的大小。

Step 05　执行上述操作后，即可调平开窗的样式，效果如图 5-81 所示。

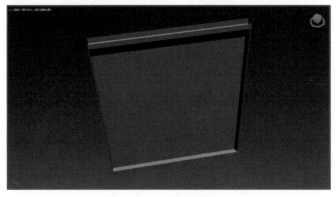

图 5-81　平开窗效果

▶ 专家指点

除了运用上述方法可以创建平开窗外，还可以单击菜单栏中的"创建"|"AEC 对象"|"平开窗"命令。

本章小结

本章主要介绍三维建模的创建与编辑方法，包括创建标准基本体、创建扩展基本体、常用三维造型修改器、创建编辑复合建模、创建常见的 3D 模型等内容。通过本章的学习，希望读者能够很好地掌握三维建模的方法。

课后习题

课后习题

鉴于本章知识的重要性，为了帮助读者更好地掌握所学知识，本节将通过上机习题，帮助读者进行简单的知识回顾和补充。

茶壶是一种比较特殊的三维几何体模型，它是一个完整的三维物体。本习题需要掌握在 3ds Max 2020 中创建茶壶的操作方法，素材与效果如图 5-82 所示。

图 5-82　素材与效果对比图

第 6 章
复制镜像建模对象

复制对象就是创建对象的副本，在 3ds Max 2020 中提供了多种复制对象的方法，如克隆、阵列、镜像以及间隔复制等。本章主要介绍复制、镜像建模对象的操作方法。

本章重点

- ➤ 3D 克隆建模
- ➤ 3D 镜像建模
- ➤ 3D 阵列建模
- ➤ 3D 间隔建模

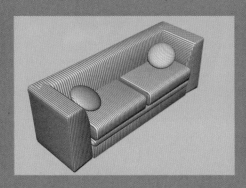

6.1   3D 克隆建模

使用"克隆"命令，可以创建对象的副本、实例、参考或对象的集合等。克隆复制是最简单的一种复制方法，本节主要介绍克隆建模的操作方法。

6.1.1   复制克隆对象

复制克隆对象

"复制"克隆是指复制对象与源对象之间不存在任何关联，当源对象或复制对象进行修改时，其他对象不发生任何改变。下面介绍复制克隆对象的操作步骤。

Step 01 按【Ctrl + O】组合键，打开素材模型（资源\素材\第 6 章\红苹果.max），如图 6-1 所示。

Step 02 选择红苹果对象，单击菜单栏中的"编辑"|"克隆"命令，如图 6-2 所示。

图 6-1   打开素材模型

图 6-2   单击"克隆"命令

Step 03 弹出"克隆选项"对话框，选中"复制"单选按钮，如图 6-3 所示。

Step 04 单击"确定"按钮，即可复制克隆对象，在各个视图中，调整克隆后的红苹果对象的位置，按【F9】键进行快速渲染，效果如图 6-4 所示。

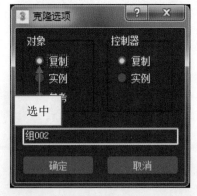

图 6-3   选中"复制"单选按钮

图 6-4   渲染模型效果

　　除了运用上述方法可以弹出"克隆选项"对话框外,还可以按【Ctrl + V】组合键快速弹出。

6.1.2　实例克隆对象

实例克隆对象

　　"实例"克隆对象后,可以对所复制的对象和源对象中的任何一个进行修改。下面介绍实例克隆对象的操作步骤。

Step 01　按【Ctrl + O】组合键,打开素材模型（资源\素材\第 6 章\灯笼.max）,如图 6-5 所示。

Step 02　在视图中,选择合适的对象为实例克隆对象,如图 6-6 所示。

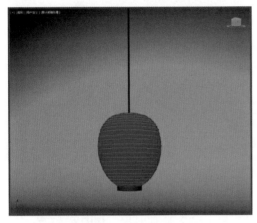

图 6-5　打开素材模型

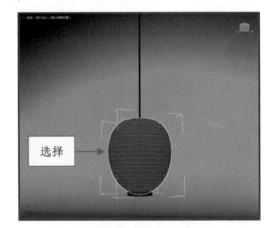

选择

图 6-6　选择实例克隆对象

Step 03　单击菜单栏中的"编辑"|"克隆"命令,弹出"克隆选项"对话框,选中"实例"单选按钮,如图 6-7 所示。

Step 04　单击"确定"按钮,即可实例克隆对象,在各个视图中,调整克隆的模型对象位置,按【F9】键进行快速渲染,效果如图 6-8 所示。

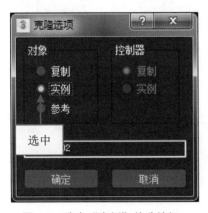

选中

图 6-7　选中"实例"单选按钮

图 6-8　渲染模型效果

▶ 专家指点

在"克隆选项"对话框中，选中"实例"单选按钮复制对象后，在修改源对象时，复制的对象也会随之变化。

6.1.3　参考克隆对象

"参考"克隆是指当源对象发生改变时，复制对象随之改变；当改变复制对象时，源对象不发生改变。如图 6-9 所示为参考克隆对象的前后对比效果。

图 6-9　参考克隆对象的前后对比效果

6.1.4　快捷键克隆对象

使用快捷键【Shift】键直接复制对象与使用"克隆"命令复制对象类似，不但可以设置复制对象的数目，而且复制出来的对象之间都保持着相同的距离和移动方向。下面介绍使用快捷键克隆对象的操作步骤。

快捷键克隆对象

Step 01　按【Ctrl + O】组合键，打开素材模型（资源\素材\第 6 章\装饰品.max），如图 6-10 所示。

Step 02　选择模型，按住【Shift】键的同时，按住鼠标左键并拖曳，如图 6-11 所示。

图 6-10　打开素材模型　　　　　　　图 6-11　拖曳鼠标

Step 03　至合适位置后，释放鼠标左键，弹出"克隆选项"对话框，在"副本数"右侧的数值框中输入 4，如图 6-12 所示。

Step 04　单击"确定"按钮，即可使用快捷键复制对象，按【F9】键进行快速渲染，效果如图 6-13 所示。

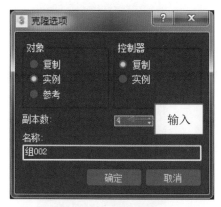

图 6-12　输入参数值

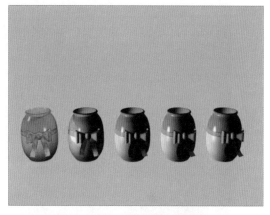

图 6-13　渲染模型效果

▶ **专家指点**

此方法弹出的对话框比图 6-3 所示的对话框多出了"副本数"数值框，这表示可以沿某一方向一次复制多个对象，因此在复制时要确定好复制对象的间隔距离。

6.1.5　克隆并对齐模型

使用"克隆并对齐"命令，可以根据几何位置来克隆并对齐对象，也可以根据轴心点克隆并对齐拾取的对象。下面介绍克隆并对齐模型的操作步骤。

克隆并对齐模型

Step 01　按【Ctrl + O】组合键，打开素材模型(资源\素材\第 6 章\餐桌椅.max)，如图 6-14 所示。

Step 02　在透视视图中，选择合适的椅子对象，如图 6-15 所示。

图 6-14　打开素材模型

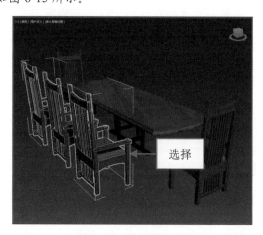

图 6-15　选择椅子对象

Step 03 单击菜单栏中的"工具"|"对齐"|"克隆并对齐"命令，如图 6-16 所示。

Step 04 弹出"克隆并对齐"对话框，单击"拾取"按钮，如图 6-17 所示。

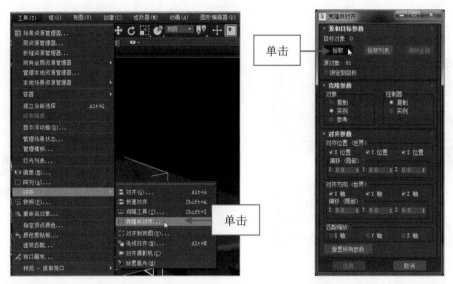

图 6-16 单击"克隆并对齐"命令　　　　图 6-17 单击"拾取"按钮

▶ **专家指点**

在"克隆并对齐"对话框中，各主要选项的含义如下。

➢ 拾取：单击该按钮后，在视口中单击的每个对象都可以添加到目标对象列表中。

➢ 拾取列表：单击该按钮，弹出"拾取目标对象"对话框，在该对话框中可以按名
称同时拾取所有目标对象。

➢ 清除全部：单击该按钮，可以从列表中移除所有目标对象。

➢ 源对象：显示源对象的数目。

➢ 绑定到目标：选中该复选框后，可以将每个克隆作为其目标对象的一个子对象而
链接。

➢ 克隆参数：用于确定要创建的克隆类型。

➢ X/Y/Z 位置：用于指定要在其上对齐克隆位置的一个或多个轴。

➢ X/Y/Z 偏移：用于指定目标对象轴点和源对象轴点（或源对象的坐标中心）之间的
距离。

➢ 匹配缩放：选中"X 轴""Y 轴"和"Z 轴"复选框，可以在源和目标间匹配比例
轴的值。

➢ 重置所有参数：单击该按钮，可以将所有设置恢复为其默认值。

Step 05 移动鼠标指针至视图中，拾取桌子对象，❶在"对齐参数"卷展栏中的"对齐位置（世
界）"选项区中选中"Y 位置"复选框；❷在"对齐方向（世界）"选项区中选中"Y 轴"
复选框；❸设置 Y 为-180，如图 6-18 所示。

Step 06 单击"应用"按钮，即可克隆并对齐对象，单击"取消"按钮，关闭"克隆并对齐"对
话框，选择克隆对象并移至合适位置，按【F9】键进行快速渲染，如图 6-19 所示。

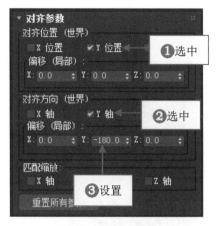

图 6-18　设置参数值

图 6-19　渲染模型效果

6.2　3D 镜像建模

　　镜像复制是以所选对象的轴心为中心，将对象绕着某个轴向翻转，同时进行复制。进行镜像复制时，对象的大小和比例不发生任何变化，只是方向和位置发生改变。本节主要介绍镜像建模的操作方法。

6.2.1　通过水平镜像模型

　　水平镜像是指沿对象的水平坐标轴进行移动和复制操作，使对象进行水平翻转或复制。下面介绍通过水平镜像模型的操作步骤。

通过水平镜像模型

Step 01　按【Ctrl + O】组合键，打开素材模型（资源\素材\第 6 章\沙发.max），如图 6-20 所示。

Step 02　在视图中，选择合适的沙发垫对象，如图 6-21 所示。

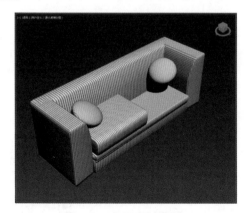

图 6-20　打开素材模型

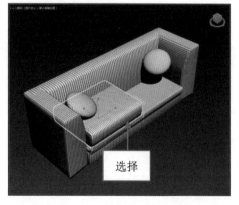

图 6-21　选择沙发垫对象

Step 03　单击主工具栏中的"镜像"按钮，如图 6-22 所示。

Step 04 弹出"镜像：世界 坐标"对话框，❶选中 X 单选按钮；❷选中"复制"单选按钮；❸设置"偏移"为 1 100，如图 6-23 所示。

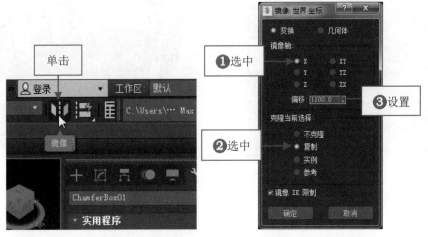

图 6-22　单击"镜像"按钮　　　　　图 6-23　设置参数值

Step 05 单击"确定"按钮，即可水平镜像复制对象，渲染后的效果如图 6-24 所示。

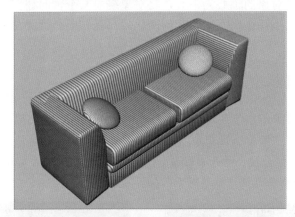

图 6-24　渲染模型效果

▶ 专家指点

　　除了运用上述方法可以弹出"镜像：世界 坐标"对话框外，还可以在菜单栏中单击"工具"｜"镜像"命令，即可弹出该对话框。

6.2.2　通过垂直镜像模型

　　沿对象的垂直坐标轴进行移动以及复制的操作后，可以使模型对象进行垂直镜像操作。下面介绍通过垂直镜像模型的操作步骤。

Step 01 按【Ctrl + O】组合键，打开素材模型（资源\素材\第 6 章\吊灯.max），如图 6-25 所示。

通过垂直镜像模型

Step 02 在视图中，选择合适的模型对象，如图 6-26 所示。

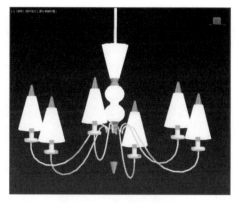

图 6-25 打开素材模型

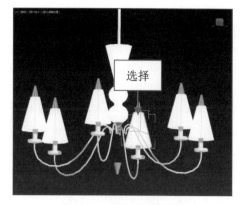

图 6-26 选择合适的对象

Step 03 单击主工具栏中的"镜像"按钮 ▓，弹出"镜像：世界 坐标"对话框，❶选中 Z 单选按钮；❷选中"复制"单选按钮，如图 6-27 所示。

Step 04 单击"确定"按钮，即可垂直镜像模型，在视图中移动镜像后的模型位置，如图 6-28 所示。

图 6-27 选中相应的单选按钮

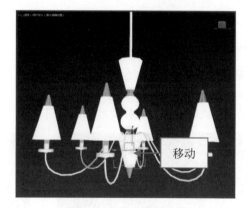

图 6-28 移动模型位置

Step 05 按【F9】键进行快速渲染，效果如图 6-29 所示。

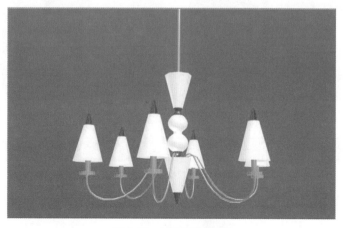

图 6-29 渲染模型效果

6.2.3 通过 XY 轴镜像模型

通过 XY 轴镜像模型时，可以沿对象的 XY 轴平面进行移动或复制的操作。下面介绍通过 XY 轴镜像模型的操作步骤。

Step 01 按【Ctrl + O】组合键，打开素材模型（资源\素材\第 6 章\调味罐.max），如图 6-30 所示。

通过 XY 轴镜像模型

Step 02 在视图中，选择合适的模型对象，如图 6-31 所示。

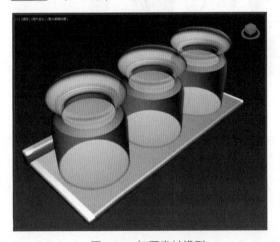

图 6-30　打开素材模型

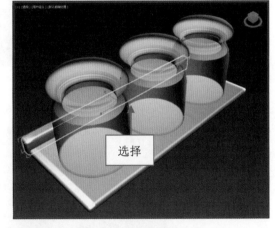

图 6-31　选择合适的对象

Step 03 单击主工具栏中的"镜像"按钮，弹出"镜像：世界 坐标"对话框，❶选中 XY 单选按钮；❷选中"复制"单选按钮；❸设置"偏移"为-40 mm，如图 6-32 所示。

Step 04 单击"确定"按钮，即可通过 *XY* 轴镜像模型，如图 6-33 所示。

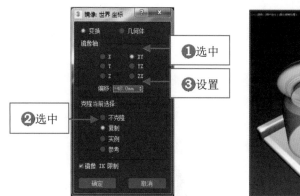

图 6-32　设置参数值

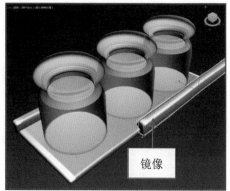

图 6-33　通过 *XY* 轴镜像模型

Step 05 在视图中，调整镜像后的模型位置，按【F9】键进行快速渲染，效果如图 6-34 所示。

图 6-34　渲染模型效果

6.2.4　通过 *YZ* 轴镜像模型

YZ 轴镜像是指沿对象的 *YZ* 轴平面进行移动或复制的操作。如图 6-35 所示为通过 *YZ* 轴镜像模型的前后对比效果。

图 6-35　通过 *YZ* 轴镜像模型的前后对比效果

6.2.5 通过 *ZX* 轴镜像模型

ZX 轴镜像是指沿对象的 *ZX* 轴平面进行移动或复制的操作。如图 6-36 所示为通过 *ZX* 轴镜像模型的前后对比效果。

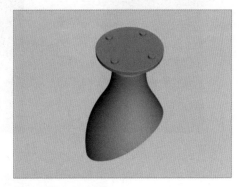

图 6-36 通过 *ZX* 轴镜像模型的前后对比效果

6.3 3D 阵列建模

阵列是所有复制工具中最强大的工具，该工具复制对象是指以当前所选择的对象为基准，进行一连串的多维复制操作。本节主要介绍阵列建模的操作方法。

6.3.1 了解阵列建模

使用阵列工具不仅可以进行移动、旋转以及缩放复制等操作，还可以同时在两个或三个方向上进行多维复制，因此常用于复制大量有规律的对象。单击菜单栏中的"工具"|"阵列"命令，弹出"阵列"对话框，如图 6-37 所示。

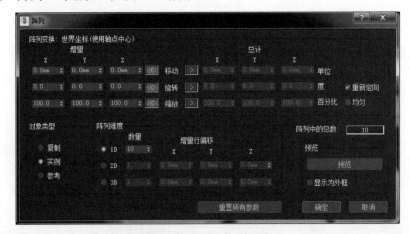

图 6-37 "阵列"对话框

1．"阵列变换"选项区

"阵列变换"选项区用于确定在三维阵列中三种类型阵列中的变值量，即移动、旋转和缩放。左侧为增量计算方式，要求设置增量值；右侧为总计量方式，要求设置总量值。下面介绍"阵列变换"选项区中各选项的具体含义。

按"增量"方式计算的各按钮功能如下。

- ➢ 移动：用来指定沿 X、Y、Z 轴方向每个阵列对象之间的距离。
- ➢ 旋转：用来指定对象沿每个轴旋转角度的总和。
- ➢ 缩放：用来指定阵列中每个对象沿 3 个轴中的任意一轴缩放的百分比。
- ➢ 按"总计"方式计算的各按钮功能如下。
- ➢ 移动：用来指定沿 X、Y、Z 轴方向的外部阵列对象轴点之间的总距离。
- ➢ 旋转：用来指定对象沿 X、Y、Z 轴旋转角度的总和。
- ➢ 缩放：用来指定阵列中每个对象沿 3 个轴中的每个轴缩放的总和。
- ➢ 重新定向：选中该复选框，在以世界坐标系旋转复制对象时，同时也使新产生的对象沿自身的坐标系进行旋转定向，使对象在旋转轨迹上保持相同的角度，否则所有的复制对象都与源对象保持相同的方向。
- ➢ 均匀：选中该复选框，可以禁止使用 Y、Z 轴微调框，并将 X 值应用于使用轴，从而形成均匀缩放，对象只发生体积变化，而不改变形态。

2．"对象类型"选项区

"对象类型"选项区与"克隆选项"对话框中的按钮含义相同。

3．"阵列维度"选项区

"阵列维度"选项区用于确定在某个轴上的阵列数目。在"阵列维度"选项区中，各主要选项的含义如下。

- ➢ 1D：用于创建一维阵列。
- ➢ 2D：用于创建二维阵列。
- ➢ 3D：用于创建三维阵列。
- ➢ 数量：用于指定在该维度阵列中对象的总数。
- ➢ $X/Y/Z$：用于指定沿该维度阵列的每个轴方向的增量偏移距离。

4．"阵列中的总数"选项区

"阵列中的总数"文本框主要用于显示将创建阵列的实体总数，且包括当前选定的模型对象。

6.3.2　通过移动阵列模型

移动阵列是指沿对象的轴向进行平行移动并复制的建模，复制的对象是相互平行的对象。下面介绍通过移动阵列模型的操作步骤。

通过移动阵列模型

Step 01　按【Ctrl + O】组合键，打开素材模型（资源\素材\第 6 章\会议桌.max），如图 6-38 所示。

Step 02　在视图中，选择相应的椅子对象，如图 6-39 所示。

Step 03 单击菜单栏中的"工具"|"阵列"命令，如图 6-40 所示。

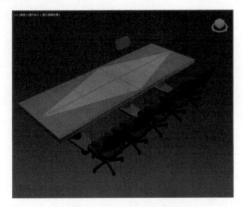

图 6-38　打开素材模型

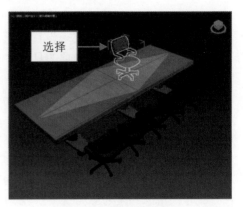

图 6-39　选择椅子对象

Step 04 弹出"阵列"对话框，在"总计"选项区中，单击"移动"右侧的 ▨ 按钮，如图 6-41 所示。

图 6-40　单击"阵列"命令

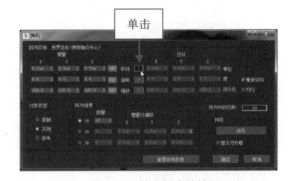

图 6-41　单击相应的按钮

Step 05 ❶在 X 下方的文本框中输入-300 cm；❷在 1D 右侧的文本框中输入 5，如图 6-42 所示。

Step 06 单击"确定"按钮，即可移动阵列对象，渲染效果如图 6-43 所示。

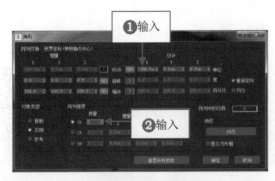

图 6-42　设置参数值

图 6-43　渲染效果

6.3.3　通过旋转阵列模型

通过旋转阵列可以沿对象的轴向进行旋转并复制的建模，且复制的对象是围绕某个中心点旋转的对象。下面介绍通过旋转阵列模型的操作步骤。

通过旋转阵列模型

Step 01　按【Ctrl＋O】组合键，打开素材模型（资源\素材\第 6 章\灯具.max），如图 6-44 所示。

Step 02　移动鼠标指针至顶视图中，选择灯管对象，如图 6-45 所示。

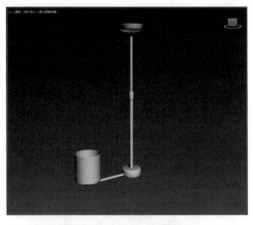

图 6-44　打开素材模型

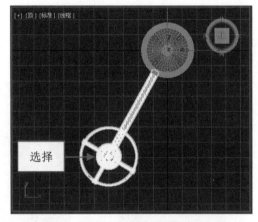

图 6-45　选择灯管对象

Step 03　单击菜单栏中的"工具"｜"阵列"命令，弹出"阵列"对话框，在"总计"选项区中，❶单击"旋转"右侧的▶按钮；❷在 Z 下方的数值框中输入 360；❸在"阵列维度"选项区中的 1D 数值框中输入 4，如图 6-46 所示。

Step 04　单击"确定"按钮，即可通过旋转阵列模型，按【F9】键进行快速渲染，效果如图 6-47 所示。

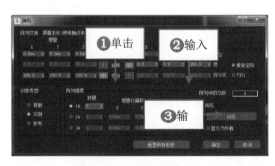

图 6-46　设置参数值

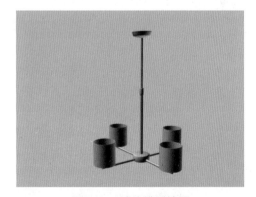

图 6-47　渲染模型效果

▶ **专家指点**

旋转阵列对象之间的间隔距离与轴的位置有关，可单击"层次"面板中"调整轴"卷展栏中的"仅影响轴"按钮，移动对象的轴，确定阵列各对象间隔的距离。

6.4 3D 间隔建模

使用"间隔"工具进行复制,可以通过拾取样条线或指定两个端点作为复制对象的路径,并可以通过设置参数确定复制对象的数量、间隔距离等。本节主要介绍间隔建模的操作方法。

6.4.1 了解间隔工具

使用间隔工具能够以选择的样条线作为路径,并将当前选择模型的副本均匀分布在路径上。单击菜单栏中的"工具"|"对齐"|"间隔工具"命令,如图 6-48 所示。执行上述操作后,即可弹出"间隔工具"对话框,如图 6-49 所示。

图 6-48 单击"间隔工具"命令

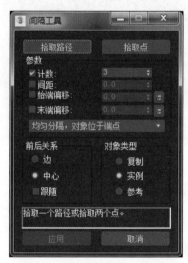

图 6-49 "间隔工具"对话框

> ▶ **专家指点**
>
> 在"间隔工具"对话框中,各主要选项的含义如下。
> - 拾取路径:单击该按钮,可在任何一个视图中选择要作为路径的样条线。
> - 拾取点:单击该按钮,可以在任何一个视图中拾取一个起点和一个终点,以定义一个样条线为路径。
> - 计数:用于设置要分布对象的数量。
> - 间距:用于指定对象之间的间距。
> - 始端偏移:指定距路径始端偏移的单位数量。
> - 末端偏移:指定距路径末端偏移的单位数量。
> - 边:指定通过各对象边界框的相对边确定间隔。
> - 中心:指定通过各对象边界框的中心确定间隔。
> - 跟随:选中该复选框,可将分布对象的轴点与样条线的切线对齐。
> - 对象类型:用于确定由间隔工具创建的副本类型。

6.4.2　按计数间隔复制模型

按计数间隔复制建模是先指定要复制对象的总数量，按总数量均匀分配各个对象的间隔距离。下面介绍按计数间隔复制模型的操作步骤。

按计数间隔复制模型

Step 01　按【Ctrl + O】组合键，打开素材模型（资源\素材\第 6 章\鸭子.max），如图 6-50 所示。

Step 02　在视图中，选择鸭子模型对象，如图 6-51 所示。

图 6-50　打开素材模型

图 6-51　选择鸭子模型对象

Step 03　单击菜单栏中的"工具"|"对齐"|"间隔工具"命令，弹出"间隔工具"对话框，单击"拾取路径"按钮，如图 6-52 所示。

Step 04　移动鼠标指针至视图中，拾取路径 Line01，如图 6-53 所示。

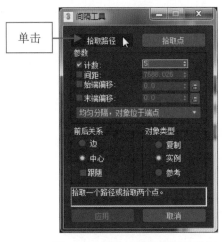

图 6-52　单击"拾取路径"按钮

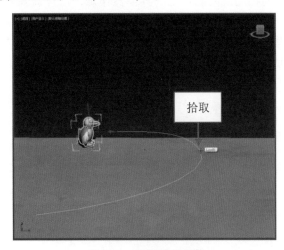

图 6-53　拾取路径对象

Step 05　❶在"计数"右侧的数值框中输入 9；❷单击"应用"按钮，如图 6-54 所示。

Step 06　执行上述操作后，即可按计数间隔复制对象，按【F9】键快速渲染模型，效果如图 6-55 所示。

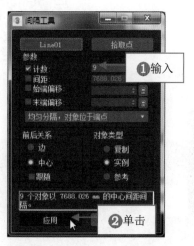

图 6-54 单击"应用"按钮   图 6-55 渲染模型效果

6.4.3 按间距间隔复制模型

按间距间隔复制建模是先确定复制对象之间的间隔距离，并按距离分布在整个样条线对
象上。

按间距间隔复制模型的具体操作是：选择需要复制的模型对象，单击"工具"|"对齐"|
"间隔工具"命令，弹出"间隔工具"对话框；选中"间距"复选框，并取消选中"计数"
复选框，在右侧的数值框中输入相应的参数。单击"拾取路径"按钮，移动鼠标指针至视图
中拾取路径样条线，即可间隔复制对象。单击"应用"按钮，即可确定间隔复制对象。如图
6-56 所示为按间距间隔复制模型的前后对比效果。

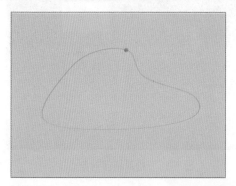

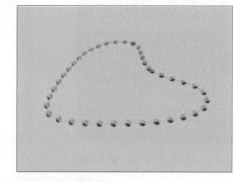

图 6-56 按间距间隔复制模型的前后对比效果

本章小结

本章主要介绍复制镜像建模对象的操作方法，包括 3D 克隆建模、3D 镜像建模、3D 阵列建模、3D 间隔建模等内容。这些复制方法都具有各自特殊的属性，在对模型对象进行复制时，每一种复制对象的方法所产生的效果都不一样。通过本章的学习，希望读者能够很好地掌握 3D 对象的复制方法。

课后习题

课后习题

鉴于本章知识的重要性，为了帮助读者更好地掌握所学知识，本节将通过上机习题，帮助读者进行简单的知识回顾和补充。

缩放阵列是指沿对象的轴向对模型进行缩放并复制的建模，复制对象的大小可以根据复制数量进行缩放。本习题需要掌握 3ds Max 2020 中缩放阵列模型的操作方法，素材与效果如图 6-57 所示。

图 6-57　素材与效果对比图

第 7 章
设置材质和编辑 3D 建模

7

编辑或生成材质就是让对象表面展现出所需材质的光学特征，而建模则是一切设计的基础，其他的工序都依赖于建模，离开了模型这个载体，材质、动画以及渲染等都没有了实际意义。本章将详细介绍设置材质和编辑 3D 建模的方法，通过编辑这些模型对象，可以得到更好的模型效果。

本章重点

➢ 修改材质编辑器
➢ 设置与编辑材质
➢ 编辑网格和面片建模
➢ 编辑多边形建模
➢ 编辑 NURBS 建模

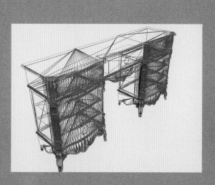

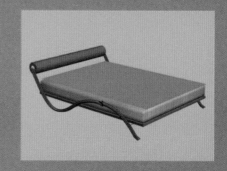

7.1　修改材质编辑器

材质编辑器是 3ds Max 2020 中一个功能非常强大的模块，使用材质编辑器可以给场景中的对象创建五彩缤纷的颜色和纹理等效果。本节主要介绍复制材质、赋予材质、获取材质以及保存材质等操作方法。

7.1.1　复制材质

在"材质编辑器"对话框中复制材质球非常方便，在示例窗中可以通过拖动一个材质球到另一个材质球的方法进行复制。如图 7-1 所示为复制材质的前后对比效果。

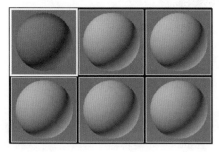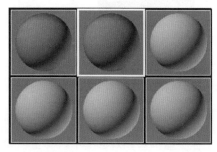

图 7-1　复制材质的前后对比效果

7.1.2　赋予材质

使用材质编辑器除了可以创建材质外，另一个最基本的功能就是将材质应用于各种各样的场景对象上。下面介绍赋予材质的操作步骤。

赋予材质

Step 01　按【Ctrl + O】组合键，打开素材模型（资源\素材\第 7 章\茶杯.max），如图 7-2 所示。

Step 02　在主工具栏中，单击"材质编辑器"按钮，如图 7-3 所示。

图 7-2　打开素材模型　　　　　　图 7-3　单击"材质编辑器"按钮

Step 03 弹出"材质编辑器"对话框，在视图中选择茶杯对象，单击"将材质指定给选定对象"按钮，如图 7-4 所示。

Step 04 执行上述操作后，即可为选定的茶杯对象赋予材质，按【F9】键进行快速渲染，效果如图 7-5 所示。

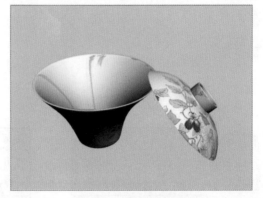

图 7-4　单击"将材质指定给选定对象"按钮　　　　图 7-5　渲染模型效果

▶ **专家指点**

　　在"材质编辑器"对话框中，单击"模式"|"Slate 材质编辑器"命令，可以将窗口切换至 Slate 材质编辑器模式。

7.1.3　获取材质

　　在对场景中已有模型的材质进行修改时，经常会用到"从对象拾取材质"按钮来拾取对象的材质。下面介绍获取材质的操作步骤。

获取材质

Step 01 按【Ctrl + O】组合键，打开素材模型（资源\素材\第 7 章\台灯.max），如图 7-6 所示。

Step 02 在主工具栏中，单击"材质编辑器"按钮，弹出"材质编辑器"对话框，单击"从对象拾取材质"按钮，如图 7-7 所示。

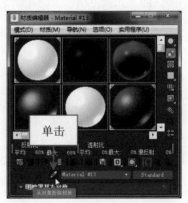

图 7-6　打开素材模型　　　　　　　　　　　图 7-7　"材质编辑器"对话框

▶ 专家指点

在"材质编辑器"对话框的工具栏中，各选项含义如下。

➢ 获取材质▦：为选定的材质打开"材质/贴图浏览器"对话框。

➢ 将材质放入场景▦：在编辑好材质后，单击该按钮可以更新已应用于对象的材质。

➢ 将材质指定给选定对象▦：在场景中选择对象后，将材质赋予选定对象。

➢ 重置贴图/材质为默认设置▦：删除修改对象的所有属性，并将材质属性恢复到默认值。

➢ 生成材质副本▦：在选定的示例窗中创建当前材质的副本。

➢ 使唯一▦：将实例化的材质设置为独立的材质。

➢ 放入库▦：重新命名材质并保存到当前打开的库中。

➢ 材质 ID 通道▦：为应用后期制作效果设置唯一的通道 ID。

➢ 视口中显示明暗处理材质▦：在视口的对象上显示 2D 材质贴图。

➢ 显示最终结果▦：在实例图中显示材质以及应用的使用层次。

➢ 转到父对象▦：将当前材质上移一级。

➢ 转到下一个同级项▦：选定同一层级的下一贴图或材质。

➢ 背光▦：打开或关闭选定示例窗中的背景灯光。

➢ 采样 UV 平铺▦：为示例窗中的贴图设置 UV 平铺显示。

➢ 视频颜色检查▦：检查当前材质中 NTSC 和 PAL 制式不支持的颜色。

➢ 生成预览▦：用于产生、浏览和保存材质预览渲染。

➢ 选项▦：单击此按钮，弹出"材质编辑器选项"对话框，在对话框中可以启用材质动画、加载自定义背景、设置示例窗数目、定义灯光亮度或颜色等。

➢ 按材质选择▦：选定使用当前材质的使用对象。

➢ 材质/贴图导航器▦：单击该按钮，弹出"材质/贴图导航器"对话框，显示当前材质使用层级。

Step 03 移动鼠标指针至透视视图中的台灯底座上，如图 7-8 所示。

Step 04 单击鼠标左键，即可获取台灯底座材质，如图 7-9 所示。

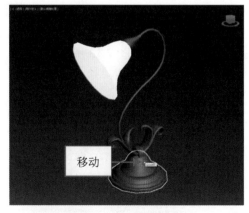

图 7-8　移动鼠标指针

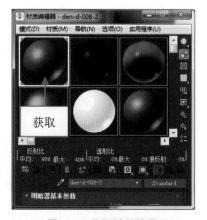

图 7-9　获取材质效果

7.1.4　保存材质

3ds Max 2020 中虽然提供了一些材质，但远远不能满足实际建模的需要，可以通过积累自己的材质库，保存各种精美的材质。

保存材质的方法很简单，在"材质编辑器"对话框中，❶选择具有材质的材质球；❷单击"放入库"按钮，如图 7-10 所示。弹出提示信息框，单击"是"按钮，弹出"放置到库"对话框；输入材质名称，单击"确定"按钮，即可保存材质，如图 7-11 所示。

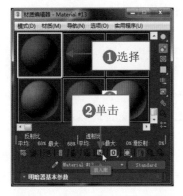

图 7-10　单击"放入库"按钮

图 7-11　"放置到库"对话框

7.1.5　删除材质

可以选择将材质编辑器和场景中的材质删除，或者仅将材质编辑器中的材质删除而保留场景中对象的材质。

在"材质编辑器"对话框的工具栏中，单击"重置贴图/材质为默认设置"按钮，删除冷材质时，将弹出提示信息框，如图 7-12 所示，单击"是"按钮，将删除材质球上的材质。

删除热材质时，将会弹出"重置材质/贴图参数"对话框，如图 7-13 所示。选中"影响场景和编辑器示例窗中的材质/贴图"单选按钮后，可以删除材质球和场景对象上的材质；选中"仅影响编辑器示例窗中的材质/贴图"单选按钮后，可以删除材质球上的材质，对场景中的对象则无影响。

图 7-12　弹出提示信息框

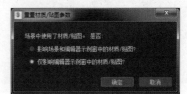

图 7-13　"重置材质/贴图参数"对话框

尽管在 3ds Max 2020 中可以同时编辑二十四种材质，但是场景中的对象常常多于二十四个，一个复杂的场景往往使用几十种不同的材质，但"材质编辑器"对话框的示例窗中仅能够显示最多二十四种材质，此时可以使用以下方法删除一些多余的材质球。

➢ 在"材质编辑器"对话框中，单击菜单栏中的"实用程序"|"精简材质编辑器窗口"命令，可以清除材质示例窗中的冷材质。

➢ 在"材质编辑器"对话框中，单击菜单栏中的"实用程序"|"重置材质编辑器窗口"命令，可以清除材质示例窗中的所有材质，但不影响场景对象。

➢ 在"材质编辑器"对话框中，单击"重置贴图/材质为默认设置"按钮🗑，删除材质球上的材质。

7.1.6　查看参数卷展栏区

"材质编辑器"对话框中包括了"明暗器基本参数"卷展栏、"Blinn 基本参数"卷展栏、"扩展参数"卷展栏和"贴图"卷展栏等，下面分别进行介绍。

1.　"明暗器基本参数"卷展栏

材质最重要的参数是明暗，在标准材质中，可以在"明暗器基本参数"卷展栏中选择明暗方式，每一个明暗器的参数是不完全一样的，并且还可以选择明暗器类型。展开"明暗器基本参数"卷展栏，如图 7-14 所示。

在"明暗器基本参数"卷展栏中，各选项含义如下。

➢ 各向异性：用于创建表面呈现非圆形高光的材质，常用于模拟光亮金属表面的不规则亮光。

➢ Blinn：以光滑的方式来渲染模型表面，是默认的明暗器。

➢ 金属：适用于金属表面，它能提供金属所需的强烈反光。

➢ 多层：与"各向异性"明暗器很相似，但"多层"明暗器可以控制两个高亮区，可以分别进行调整，创建复杂的表面，如绸缎、丝绸和光芒四射的油漆等。

➢ Oren-Nayer-Blinn：具有 Blinn 风格的高光，但更柔和，通常用于模拟布、纤维和陶土等。

➢ Phong：可以平滑面与面的边缘，也可以更真实地渲染有光泽和规则曲面的高光，适应于高强度的表面和具有圆形高光的表面。

➢ Strauss：用于创建金属或有光泽的非金属材质表面，如光泽油漆以及光亮的金属等。

➢ 半透明明暗器：用于创建薄物体的材质，如窗帘、投影屏幕等。

➢ 线框：选中该复选框，将以线框模式渲染材质。

➢ 双面：选中该复选框，可以使材质成为双面。

➢ 面贴图：选中该复选框，可以将材质应用到几何体的各面。

➢ 面状：选中该复选框，可以渲染表面的每一面。

2.　"Blinn 基本参数"卷展栏

在"Blinn 基本参数"卷展栏中可以调整材质的颜色控制区、自发光以及不透明度等参数。展开"Blinn 基本参数"卷展栏，如图 7-15 所示。

在"Blinn 基本参数"卷展栏中，各选项含义如下。

➤ 环境光：用于设置材质阴影区域的颜色。

➤ 漫反射：设置位于直射光中的颜色，即模型的固有色。

➤ 高光反射：用于设置发光物体高光区的颜色，可以在"反射高光"选项区中控制高光的大小和形状。

➤ 颜色块：单击"环境光""漫反射"以及"高光反射"右侧的颜色块，可弹出"颜色选择器"对话框，用于选择颜色。

➤ 锁定：用于锁定"环境光""漫反射"以及"高光反射"中的两种或全部锁定，被锁定的区域将保持相同的颜色。

➤ 贴图：各颜色右侧的空白按钮用于指定贴图，单击该按钮，可弹出"材质/贴图浏览器"对话框，进入贴图层级，指定贴图后按钮上会显示字母 M。

➤ 自发光：可使材质具有自身发光的效果。

➤ 不透明度：通过输入数值设置材质的透明度，当值为 100 时，为不透明材质；当值为 0 时，为完全透明材质。

图 7-14　"明暗器基本参数"卷展栏

图 7-15　"Blinn 基本参数"卷展栏

3．"扩展参数"卷展栏

"扩展参数"卷展栏对于标准材质的所有明暗器类型都是相同的，该卷展栏用于控制与材质的透明度、反射相关的参数，如图 7-16 所示。

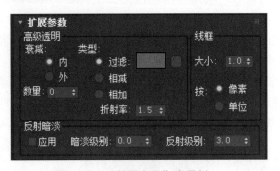

图 7-16　"扩展参数"卷展栏

在"扩展参数"卷展栏中，各主要选项含义如下。

➤ 衰减：用于选择在内部或外部进行衰减，以及衰减的程度。

➤ 数量：用于指定最内或最外不透明度的数量。

➤ 类型：用于设置如何应用不透明度，包括"过滤""相加"和"相减"三种方式。

➤ 折射率：用于设置折射贴图和光线跟踪所使用的折射率。

➢ 大小：用于设置线框模式中线框的大小，可以按像素或当前单位进行设置。

➢ 按：选择度量线框的方式。

➢ 应用：选中该复选框，可以使用反射暗淡。

➢ 暗淡级别：用于设置阴影中的暗淡量。

➢ 反射级别：用于设置不在阴影中的反射强度。

4. "贴图"卷展栏

在设置贴图时，可展开"贴图"卷展栏，就会显示所有贴图通道，包括反射、折射、凹凸以及不透明度等通道，如图 7-17 所示。通过贴图通道，可以对材质贴图进行纹理的设置，从而使材质显示出更加真实的效果。

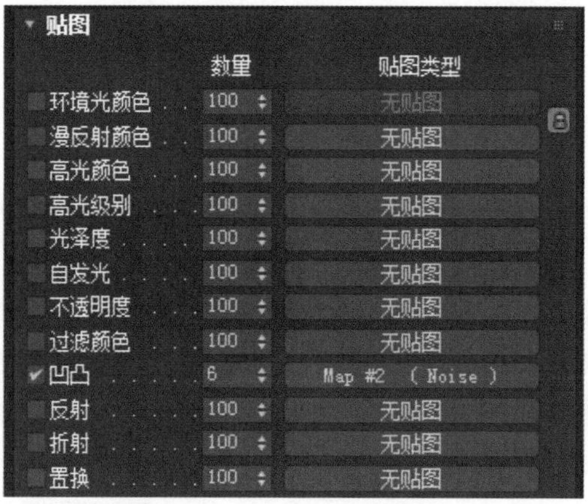

图 7-17 "贴图"卷展栏

在"贴图"卷展栏中，各主要选项含义如下。

➢ 环境光颜色：默认为灰色，一般不单独使用。

➢ 漫反射颜色：主要用于表现材质的纹理效果。

➢ 高光颜色：该贴图只展现在高光区。

➢ 高光级别：该贴图与"高光颜色"贴图基本相同，但强弱效果取决于参数区中的高光级别。

➢ 光泽度：在对象的反光处显示出贴图效果，贴图颜色会影响反光强度。

➢ 自发光：将贴图以一种自发光的形式贴在对象表面，图像中纯黑色的区域不会对材质产生任何影响，非纯黑的区域将会根据自身的颜色产生发光效果，发光的地方不受灯光以及投影影响。

➢ 不透明度：利用图像明暗度在对象表面产生透明效果，纯黑色的区域完全透明，纯白色区域完全不透明。

➢ 过滤颜色：影响透明贴图，材质的颜色取决于贴图的颜色。

➢ 凹凸：通过图像的明暗度来影响材质表面的光滑程度，从而产生凹凸的表面效果。

➢ 反射：通过图像来表现出模型反射的图案，该值越大，反射效果越强烈，与"漫反射颜色"贴图方式配合使用，会得到比较真实的效果。

➢ 折射：模拟空气和水等介质的折射效果，在对象表面产生对周围景物的折射效果。

与"反射"贴图不同的是，它可以表现出一种穿透效果。

➢ 置换：效果大致与空间扭曲或"修改"面板 中的"置换"修改器相同。

7.2　设置与编辑材质

在 3ds Max 2020 中，在"材质/贴图浏览器"对话框中列出了十几种材质类型，分别是标准材质、光线跟踪材质、虫漆材质、合成材质、顶/底材质和混合材质等。另外，在设置材质类型后，还可以编辑材质，如显示线框或显示面贴图等，让材质达到最佳的效果，使模型更加真实。本节详细介绍设置材质类型与编辑材质的操作方法。

7.2.1　设置环境光

环境光是指材质阴影区域的颜色，默认情况下，"锁定"按钮会锁定环境光和漫反射，但是可以解除锁定，单独调整环境光。下面介绍设置环境光的操作步骤。

设置环境光

Step 01 按【Ctrl + O】组合键，打开素材模型（资源\素材\第 7 章\小提琴.max），如图 7-18 所示。

Step 02 在主工具栏中，单击"材质编辑器"按钮 ，弹出"材质编辑器"对话框，❶单击"从对象拾取材质"按钮 ；❷拾取对象的材质；❸在"Blinn 基本参数"卷展栏中单击"环境光"右侧的颜色色块，如图 7-19 所示。

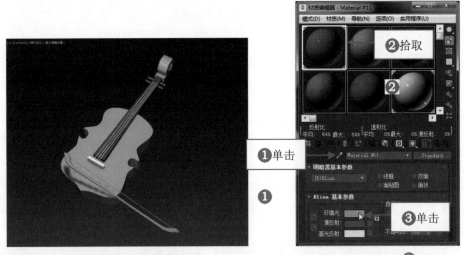

图 7-18　打开素材模型　　　　　图 7-19　单击颜❸色块

Step 03 弹出"颜色选择器：环境光颜色"对话框，❶在对话框中设置各参数；❷单击"确定"按钮；❸即可设置环境光，如图 7-20 所示。

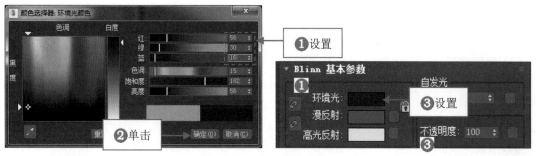

图 7-20　设置环境光参数

设置漫反射

7.2.2　设置漫反射

　　漫反射光用于设置材质漫反射区的颜色，漫反射颜色是位于直射光中的颜色。下面介绍设置漫反射的操作步骤。

Step 01　按【Ctrl + O】组合键，打开素材模型（资源\素材\第 7 章\鞋子.max），如图 7-21 所示。

Step 02　在主工具栏中，单击"材质编辑器"按钮，弹出"材质编辑器"对话框，在"Blinn 基本参数"卷展栏中，单击"漫反射"右侧的颜色色块，如图 7-22 所示。

图 7-21　打开素材模型

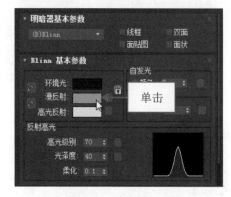

图 7-22　单击颜色色块

Step 03　弹出"颜色选择器：漫反射颜色"对话框，在对话框中设置各参数，如图 7-23 所示。

Step 04　单击"确定"按钮，即可设置漫反射，按【F9】键进行快速渲染，效果如图 7-24 所示。

图 7-23　设置各参数

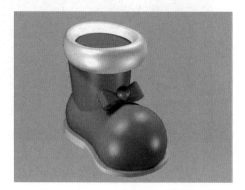

图 7-24　渲染模型效果

7.2.3　设置标准材质

设置标准材质

标准材质是 3ds Max 2020 中最基本的材质类型，默认状态下，"材质编辑器"对话框中的材质类型就是标准类型。下面介绍设置标准材质的操作步骤。

Step 01　按【Ctrl + O】组合键，打开素材模型（资源\素材\第 7 章\柜子.max），如图 7-25 所示。

Step 02　按【M】键，弹出"材质编辑器"对话框，单击"Standard"按钮，如图 7-26 所示。

Step 03　弹出"材质/贴图浏览器"对话框，在"材质"列表框中，选择"标准"选项，如图 7-27 所示。

Step 04　单击"确定"按钮，返回到"材质编辑器"对话框，在"Blinn 基本参数"卷展栏中，单击"漫反射"右侧的"无"按钮，如图 7-28 所示。

图 7-25　打开素材模型

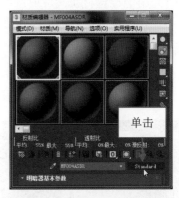

图 7-26　单击"Standard"按钮

图 7-27　选择"标准"选项

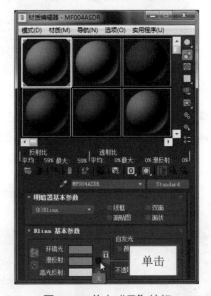

图 7-28　单击"无"按钮

Step 05　弹出"材质/贴图浏览器"对话框，在"贴图"列表框中，选择"位图"选项，如图 7-29 所示。

Step 06　单击"确定"按钮，弹出"选择位图图像文件"对话框，选择合适的贴图文件，如图 7-30 所示。

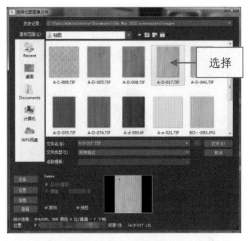

图 7-29　选择"位图"选项　　　　　　　图 7-30　选择合适的贴图文件

Step 07　单击"打开"按钮，返回到"材质编辑器"对话框，如图 7-31 所示。

Step 08　选择场景中的所有对象，单击"将材质指定给选定对象"按钮，为场景赋予材质，单击"视口中显示明暗处理材质"按钮，渲染后的效果如图 7-32 所示。

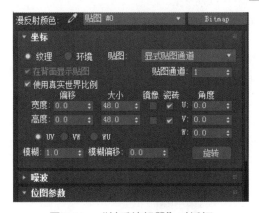

图 7-31　"材质编辑器"对话框　　　　　　图 7-32　渲染模型效果

7.2.4　显示线框材质

显示线框材质，是将材质赋予相应的模型后，视图中的模型将以线框的模式显示。下面介绍显示线框材质的操作步骤。

显示线框材质

Step 01　按【Ctrl + O】组合键，打开素材模型（资源\素材\第 7 章\桌子.max），如图 7-33 所示。

Step 02 按【M】键，弹出"材质编辑器"对话框，在"明暗器基本参数"卷展栏中选中"线框"复选框，如图 7-34 所示。

图 7-33 打开素材模型

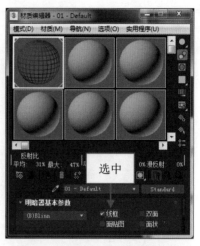

图 7-34 选中"线框"复选框

▶ 专家指点

　　在"材质编辑器"对话框中选中"线框"复选框后，可以展开"扩展参数"卷展栏，在"线框"选项区中设置线框的大小。

Step 03 执行上述操作后，即可显示线框材质，如图 7-35 所示。

Step 04 按【F9】键进行快速渲染，效果如图 7-36 所示。

图 7-35 显示线框材质

图 7-36 渲染模型效果

7.2.5 显示面贴图材质

　　面贴图材质是将材质赋予到模型中的所有面，模型的每一个面，都会显示一个贴图材质。下面介绍显示面贴图材质的操作步骤。

显示面贴图材质

Step 01　按【Ctrl + O】组合键，打开素材模型（资源\素材\第 7 章\凳子.max），如图 7-37 所示。

Step 02　按【M】键，弹出"材质编辑器"对话框，在"明暗器基本参数"卷展栏中选中"面贴图"复选框，如图 7-38 所示。

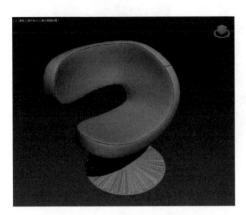

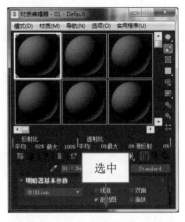

图 7-37　打开素材模型　　　　　　　　　　图 7-38　选中"面贴图"复选框

Step 03　执行上述操作后，即可显示面贴图材质，按【F9】键进行快速渲染，效果如图 7-39 所示。

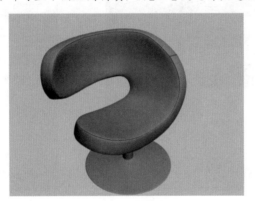

图 7-39　渲染模型效果

7.3　编辑网格和面片建模

在 3ds Max 2020 中，可以对网格和面片进行编辑，如挤出、倒角等。本节详细介绍编辑网格和面片建模的操作方法。

7.3.1　挤出多边形

挤出多边形是将所选定的面挤出厚度，可以通过单击鼠标左键并拖曳或使用"挤出"数值框应用此效果。下面介绍挤出多边形的操作步骤。

挤出多边形

Step 01　按【Ctrl + O】组合键，打开素材模型（资源\素材\第 7 章\茶几.max），如图 7-40 所示。

Step 02 选择最上方的模型对象，切换至"修改"面板 ![icon]，在"选择"卷展栏中单击"多边形"按钮 ![icon]，如图 7-41 所示。

图 7-40　打开素材模型

图 7-41　单击"多边形"按钮

Step 03 在视图中，选择合适的多边形对象，如图 7-42 所示。

Step 04 在"编辑几何体"卷展栏中，设置"挤出"参数为 300，如图 7-43 所示。

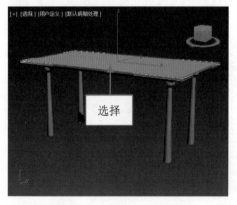

图 7-42　选择多边形对象

图 7-43　设置"挤出"参数

Step 05 执行上述操作后，即可对选择的多边形进行挤出操作，效果如图 7-44 所示。

Step 06 按【F9】键进行快速渲染，效果如图 7-45 所示。

图 7-44　多边形挤出效果

图 7-45　渲染模型效果

7.3.2　倒角面片

单击"倒角"按钮，拖曳任意一个面片或元素，执行交互式的挤出操作，单击并释放鼠标左键，然后重新拖曳，即可对挤出元素执行倒角操作。下面介绍倒角面片的操作步骤。

倒角面片

Step 01　按【Ctrl + O】组合键，打开素材模型（资源\素材\第 7 章\床.max），如图 7-46 所示。

Step 02　在视图中，选择床垫对象，如图 7-47 所示。

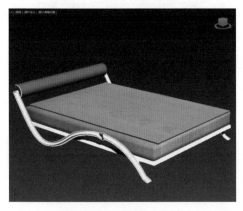

图 7-46　打开素材模型

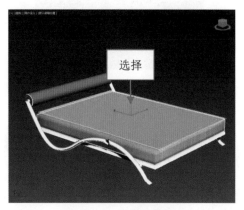

图 7-47　选择床垫对象

▶ **专家指点**

面片建模的优点是用于编辑的顶点很少，非常类似于 NURBS 曲面建模，但是没有 NURBS 曲面建模那么严格，只要是三角形或四边形面片，都可以自由的拼接在一起。

Step 03　在"选择"卷展栏中，单击"面片"按钮◆，如图 7-48 所示。

Step 04　在视图中，选择合适的面片对象，如图 7-49 所示。

Step 05　在"几何体"卷展栏中，设置"倒角"的"轮廓"参数为 3，如图 7-50 所示。

Step 06　执行上述操作后，即可倒角面片，按【F9】键进行快速渲染，效果如图 7-51 所示。

图 7-48　单击"面片"按钮

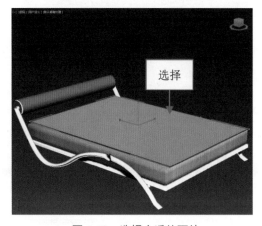

图 7-49　选择合适的面片

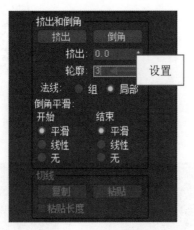

图 7-50 设置参数值

图 7-51 渲染效果

7.4 编辑多边形建模

编辑多边形可以是三角网格模型，也可以是四边形或多边形。本节主要介绍编辑多边形建模的基础知识和操作方法。

7.4.1 通过边模式切角对象

切角是将对象进行切角处理，进行切角的可以是对象的顶点，也可以是对象的边。在视图中选择合适的模型对象，在"选择"卷展栏中单击"边"按钮，选择合适的边对象，在"编辑边"卷展栏单击"切角"按钮，并单击右侧的按钮，弹出"切角"面板，设置各参数，即可切角对象。如图 7-52 所示为切角对象的前后对比效果。

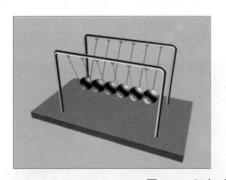
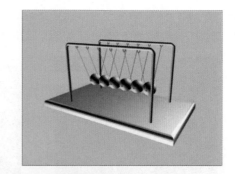

图 7-52 切角对象的前后对比效果

▶ 专家指点

不仅可以通过输入数值切角对象，还可以单击"切角"按钮，移动鼠标指针至所选的边上，当鼠标指针呈■形状时，拖曳鼠标左键进行切角。

7.4.2 设置 ID 号

设置 ID 是用于向选定的子对象分配特殊的材质 ID 编号，以供"多维/子对象"材质和其他应用使用。

选择对象，单击"修改"面板 上的"修改器列表"右侧的下拉按钮；在弹出的下拉列表框中选择"编辑多边形"选项，在"选择"卷展栏中单击"元素"按钮，选择要分配特殊材质 ID 编号的对象；在"多边形：材质 ID"卷展栏中"设置 ID"右侧的数值框中输入数值，按【Enter】键，即可对对象进行材质 ID 编号的设置。

7.4.3 附加对象

附加对象可以将对象合并在一起，可以通过单击的形式将对象附加，也可以在附加对象列表中选择对象进行附加。下面介绍附加对象的操作步骤。

附加对象

Step 01 按【Ctrl + O】组合键，打开素材模型（资源\素材\第 7 章\餐具.max），如图 7-53 所示。

Step 02 在视图中，选择合适的模型对象，如图 7-54 所示。

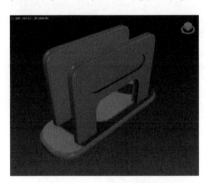

图 7-53　打开素材模型

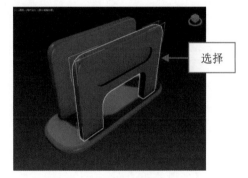

选择

图 7-54　选择合适的模型

Step 03 切换至"修改"面板 ，在"修改器列表"下拉列表框中选择"编辑多边形"选项，如图 7-55 所示。

Step 04 在"编辑几何体"卷展栏中，单击"附加"按钮右侧的"附加列表"按钮，如图 7-56 所示。

图 7-55　选择"编辑多边形"选项

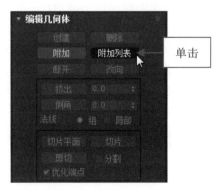

图 7-56　单击"附加列表"按钮

Step 05 弹出"附加列表"对话框，❶选择所有的对象；❷单击"附加"按钮，如图 7-57 所示。

Step 06 执行上述操作后，所选的对象形成一个新的对象，对象周围被白色线框包围，如图 7-58 所示。

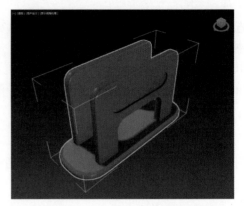

图 7-57　单击"附加"按钮　　　　　　　　　图 7-58　形成一个新的对象

▶ **专家指点**
　　　除了运用上述方法可以添加"编辑多边形"修改器外，还可以在选择模型对象后，单击鼠标右键，在弹出的快捷菜单中选择"转换为"|"转换为可编辑多边形"选项。

7.5　编辑 NURBS 建模

　　NURBS 是曲线和曲面的一种数学描述，是由空间的一组线条构成的曲面，并且这个曲面永远是完整光滑的四边面。无论怎样扭曲或旋转，都不会破损或穿孔，一个复杂的 NURBS 就是由许多这样的面拼接而成的，彼此之间可以缝合边界。本节主要介绍编辑 NURBS 建模的操作方法。

7.5.1　NURBS 点

　　在选择需要转换的对象处于选中状态时，单击鼠标右键，在弹出的快捷菜单中选择"转换为"|"转换为 NURBS"选项，即可将模型转化为可编辑 NURBS。在 NURBS 中，除了点曲面和点曲线对象构成部分的点外，还可以创建"独立式"点。这样的点通过单击"曲线拟合"按钮帮助构建点曲线，也可以使用从属点来修剪曲线。

　　当修改 NURBS 时可以将单独的点创建为 NURBS 子对象，以创建单独的点，单击"常规"卷展栏中的"NURBS 创建工具箱"按钮，弹出 NURBS 对话框，如图 7-59 所示。还可以展开"创建点"卷展栏，进行创建点，如图 7-60 所示。

图 7-59 NURBS 对话框

图 7-60 "创建点"卷展栏

7.5.2 创建车削曲面

创建车削曲面

车削曲面通过曲线生成，这与"车削"修改器类似，但"车削曲面"的优势在于车削的子对象是 NURBS 模型的一部分，因此可以使用它构造曲面和曲面子对象。下面介绍创建车削曲面的操作步骤。

Step 01 按【Ctrl + O】组合键，打开素材模型（资源\素材\第 7 章\盆子.max），如图 7-61 所示。

Step 02 选择场景中的曲线对象，切换至"修改"面板，在"创建曲面"卷展栏中，单击"车削"按钮，如图 7-62 所示。

图 7-61 打开素材模型

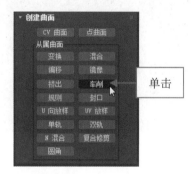
图 7-62 单击"车削"按钮

Step 03 移动鼠标指针至视图中的曲线上，单击鼠标左键，即可创建车削曲面，如图 7-63 所示。

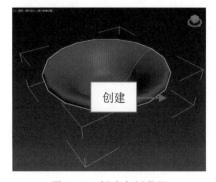
图 7-63 创建车削曲面

本章小结

现实生活中的任何实体都是由一定的材料构成，不同的质地将体现出不同的外在属性，给人不同的视觉感。3ds Max 2020 中的建模方式多种多样，本章主要介绍了在 3ds Max 2020 中设置材质和编辑 3D 建模的方法，通过本章的学习，希望读者能够很好地掌握这些实用技巧。

课后习题

鉴于本章知识的重要性，为了帮助读者更好地掌握所学知识，本节将 **课后习题** 通过上机习题，帮助读者进行简单的知识回顾和补充。

墨水油漆（Ink`n Paint）材质可以用来制作卡通效果，与其他大多数材质提供的三维效果不同，墨水油漆材质提供带有墨水边界的平面明暗处理。本习题需要掌握在 3ds Max 2020 中设置墨水油漆材质的操作方法，素材和效果如图 7-64 所示。

图 7-64　素材和效果对比图

第 8 章
应用 2D 与 3D 贴图

8

贴图分 2D 贴图和 3D 贴图两种类型，其中 2D 贴图最常用的有位图、棋盘格以及渐变等；3D 贴图最常用的有细胞、衰减等。本章主要介绍 2D 与 3D 贴图的应用方法。

本章重点

➢ 应用 2D 贴图
➢ 应用 3D 贴图
➢ 应用通道和设置贴图坐标

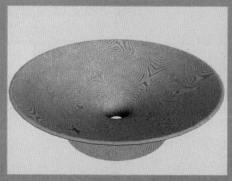

8.1　应用 2D 贴图

2D 贴图属于二维图像，通常应用到几何对象的表面，或者用作环境贴图创建背景。二维贴图包括位图贴图、棋盘格贴图以及渐变贴图等。本节详细介绍应用 2D 贴图的操作方法。

8.1.1　应用渐变贴图

渐变贴图是从一种色彩过渡到另一种色彩的贴图效果，可以为渐变贴图指定两种或三种颜色。下面介绍应用渐变贴图的操作步骤。

应用渐变贴图

Step 01　按【Ctrl + O】组合键，打开素材模型（资源\素材\第 8 章\植物.max），如图 8-1 所示。

Step 02　按【M】键，弹出"材质编辑器"对话框，选择合适的材质球，在"Blinn 基本参数"卷展栏中，单击"漫反射"右侧的"无"按钮 ，弹出"材质/贴图浏览器"对话框，选择"渐变"选项，如图 8-2 所示。

图 8-1　打开素材模型

图 8-2　选择"渐变"选项

Step 03　单击"确定"按钮，展开"渐变参数"卷展栏，单击"颜色#1"右侧的颜色色块，弹出"颜色选择器：Color 1"对话框，设置各参数，如图 8-3 所示。

Step 04　单击"确定"按钮，返回到"渐变参数"卷展栏，单击"颜色#2"右侧的颜色色块，弹出"颜色选择器：颜色 2"对话框，设置各参数，如图 8-4 所示。

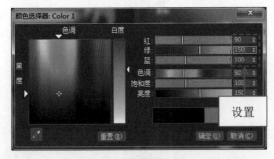

图 8-3　"颜色选择器：Color 1"对话框

图 8-4　"颜色选择器：颜色 2"对话框

Step 05　单击"确定"按钮，返回到"渐变参数"卷展栏，单击"颜色#3"右侧的颜色色块，弹出"颜色选择器：颜色 3"对话框，设置各参数，如图 8-5 所示。

Step 06 选择场景中的叶子对象，单击"将材质指定给选定对象"按钮，为对象赋予渐变贴图，并单击"视口中显示明暗处理材质"按钮，即可在视口中显示材质，按【F9】键进行快速渲染，效果如图 8-6 所示。

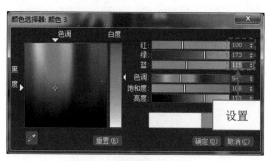

图 8-5　设置各参数

图 8-6　渲染模型效果

8.1.2　应用位图贴图

位图贴图是材质贴图中最常用的贴图类型，也是最基本的贴图类型，选择位图的同时会打开贴图路径，而不必自行去查找图像路径。下面介绍应用位图贴图的操作步骤。

应用位图贴图

Step 01 按【Ctrl + O】组合键，打开素材模型（资源\素材\第 8 章\闹钟.max），如图 8-7 所示。

Step 02 按【M】键，弹出"材质编辑器"对话框，选择合适的材质球，在"Blinn 基本参数"卷展栏中，单击"漫反射"右侧的"无"按钮，弹出"材质/贴图浏览器"对话框，选择"位图"选项，如图 8-8 所示。

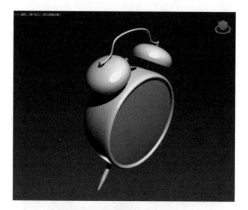

图 8-7　打开素材模型

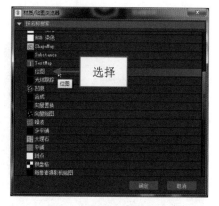

图 8-8　选择"位图"选项

Step 03 单击"确定"按钮，弹出"选择位图图像文件"对话框，选择合适的贴图文件，如图 8-9 所示。

Step 04 单击"打开"按钮，返回"材质编辑器"对话框，选择场景中的合适对象，单击"将材质指定给选定对象"按钮，为对象赋予位图贴图；并单击"视口中显示明暗处理材质"按钮，即可在视口中显示材质，按【F9】键快速渲染，效果如图 8-10 所示。

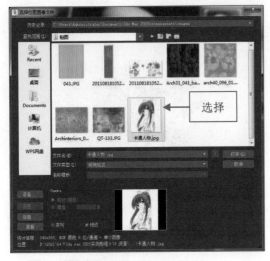

图 8-9　选择合适的贴图文件

图 8-10　渲染模型效果

8.1.3　应用棋盘格贴图

应用棋盘格贴图

棋盘格贴图可以产生两种色块互相交错的图案，默认状态下由黑白两种颜色组成，常用于模拟地板、墙面以及其他具有方格纹理的材质。下面介绍应用棋盘格贴图的操作步骤。

Step 01 按【Ctrl + O】组合键，打开素材模型（资源\素材\第 8 章\国际象棋.max），如图 8-11 所示。

Step 02 按【M】键，弹出"材质编辑器"对话框，选择合适的材质球，在"Blinn 基本参数"卷展栏中，单击"漫反射"右侧的"无"按钮，弹出"材质/贴图浏览器"对话框，在"贴图"列表框中选择"棋盘格"选项，如图 8-12 所示。

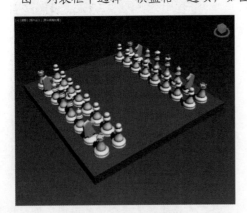

图 8-11　打开素材模型

图 8-12　选择"棋盘格"选项

Step 03　单击"确定"按钮，展开"坐标"卷展栏，在"瓷砖"选项区下方，设置 U 为 5、V 为 5，如图 8-13 所示。

Step 04　选择场景中的平面对象，单击"将材质指定给选定对象"按钮▓和"视口中显示明暗处理材质"按钮▣，显示贴图，按【F9】键进行快速渲染，效果如图 8-14 所示。

图 8-13　设置参数值

图 8-14　渲染模型效果

8.1.4　应用漩涡贴图

使用漩涡贴图可以产生两种颜色的混合漩涡效果，可以制作水流漩涡、木材纹理等效果。在"材质/贴图浏览器"对话框中，选择"漩涡"选项后，单击"确定"按钮，可以展开"漩涡参数"卷展栏，如图 8-15 所示。可以在"漩涡参数"卷展栏中设置漩涡的强度、漩涡量和扭曲等选项。如图 8-16 所示为使用漩涡贴图的效果。

图 8-15　"漩涡参数"卷展栏

图 8-16　漩涡贴图效果

在"漩涡参数"卷展栏中，各选项的含义如下。

➢ 基本：这是漩涡效果的基础层。单击颜色色块以更改该颜色；单击"无贴图"按钮，指定贴图以替换颜色。

➢ 漩涡：与基础颜色或贴图混合，生成漩涡效果。

➢ 交换：单击该按钮，可以反转"基础"和"漩涡"的颜色或贴图指定。

> ➤ 颜色对比度：用于控制基础和漩涡之间的对比度。当值为 0 时，漩涡很模糊。值越高，对比度越大，直到所有颜色都变为黑色和白色。
> ➤ 漩涡强度：用于控制漩涡颜色的强度。值越高，生成的混合颜色越生动。
> ➤ 漩涡量：用于控制混合到基础颜色的漩涡颜色的数量。
> ➤ 扭曲：用于更改漩涡效果中的螺旋数。值越高，螺旋数量越多。
> ➤ 恒定细节：用于更改漩涡内细节的级别。值越低，漩涡内的细节级别越少；当值为 0 时，则所有细节都消失。
> ➤ 中心位置 *X*/*Y*：用于调整对象中漩涡中心的位置。
> ➤ 锁定■：在调整 *X* 和 *Y* 值时，它们的比例保留不变。
> ➤ 随机种子：用于设置漩涡效果的新起点。

8.2 应用 3D 贴图

3D 贴图又称为三维贴图，是在三维空间中产生的一种程序图案，3D 贴图具有 2D 贴图所有的特点。3D 贴图的纹理有自己的三维结构，不会依靠模型的表面，与模型的贴图轴无关。本节主要介绍 3D 贴图的应用方法。

8.2.1 应用大理石贴图

大理石贴图针对彩色背景生成带有彩色纹理的大理石曲面，将自动生成第三种颜色。下面介绍应用大理石贴图的操作步骤。

应用大理石贴图

Step 01 按【Ctrl + O】组合键，打开素材模型（资源\素材\第 8 章\装饰盘.max），如图 8-17 所示。

Step 02 按【M】键，弹出"材质编辑器"对话框，选择合适的材质球，在"Blinn 基本参数"卷展栏中，单击"漫反射"右侧的"无"按钮■，弹出"材质/贴图浏览器"对话框，选择"大理石"选项，如图 8-18 所示。

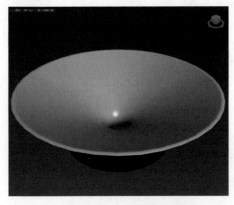

图 8-17 打开素材模型

图 8-18 选择"大理石"选项

Step 03 单击"确定"按钮，展开"大理石参数"卷展栏，设置"大小"为 100、"纹理宽度"为

20，如图 8-19 所示。

Step 04 选择场景中的模型，单击"将材质指定给选定对象"按钮 和"视口中显示明暗处理材质"按钮 ，显示贴图，按【F9】键进行快速渲染，效果如图 8-20 所示。

图 8-19 设置各参数

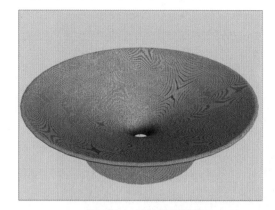

图 8-20 渲染模型效果

▶ **专家指点**

在"大理石参数"卷展栏中，各主要选项的含义如下。

➢ 大小：用于设置纹理之间的间距。

➢ 纹理宽度：用于设置纹理的宽度。

8.2.2 应用斑点贴图

斑点贴图可以通过两种贴图对比混合，表现出一种斑驳效果。下面介绍应用斑点贴图的操作步骤。

应用斑点贴图

Step 01 按【Ctrl + O】组合键，打开素材模型（资源\素材\第 8 章\陈列品.max），如图 8-21 所示。

Step 02 按【M】键，弹出"材质编辑器"对话框，选择合适的材质球，在"Blinn 基本参数"卷展栏中，单击"漫反射"右侧的"无"按钮 ，弹出"材质/贴图浏览器"对话框，在"贴图"列表框中，选择"斑点"选项，如图 8-22 所示。

图 8-21 打开素材模型

图 8-22 选择"斑点"选项

Step 03 单击"确定"按钮，展开"斑点参数"卷展栏，在其中设置"大小"为3，如图 8-23 所示。

Step 04 选择场景中的模型，单击"将材质指定给选定对象"按钮 和"视口中显示明暗处理材质"按钮 ，显示贴图，按【F9】键进行快速渲染，如图 8-24 所示。

图 8-23 设置参数值

图 8-24 渲染模型效果

8.2.3 应用凹痕贴图

凹痕贴图可根据分形噪波产生随机图案，图案的效果取决于贴图的类型。凹痕贴图的参数卷展栏与斑点贴图的参数卷展栏也基本相同，如图 8-25 所示，可根据材质的需要，调整凹痕贴图的颜色、大小等。如图 8-26 所示为凹痕贴图效果。

图 8-25 "凹痕参数"卷展栏

图 8-26 凹痕贴图效果

8.2.4 应用波浪贴图

波浪贴图是一种生成水花或波纹的 3D 贴图，它生成一定数量的球形波浪并将它们随机分布在球体上。下面介绍应用波浪贴图的操作步骤。

应用波浪贴图

▶ 专家指点

在"波浪参数"卷展栏中，通过设置相应的参数可以控制波浪组数量、振幅以及波浪速度等。

Step 01 按【Ctrl + O】组合键，打开素材模型（资源\素材\第 8 章\浴缸.max），如图 8-27 所示。

Step 02 按【M】键，弹出"材质编辑器"对话框，选择合适的材质球，在"Blinn 基本参数"卷展栏中，单击"漫反射"右侧的"无"按钮■，弹出"材质/贴图浏览器"对话框，在"贴图"列表框中选择"波浪"选项，如图 8-28 所示。

图 8-27　打开素材模型

图 8-28　选择"波浪"选项

Step 03 单击"确定"按钮，展开"波浪参数"卷展栏，设置"波浪组数量"为 2，如图 8-29 所示。

Step 04 单击"颜色#1"右侧的颜色色块，弹出"颜色选择器：颜色 1"对话框，设置各参数，如图 8-30 所示。

图 8-29　"波浪参数"卷展栏

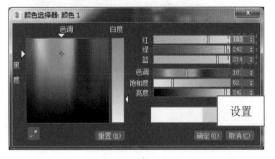

图 8-30　"颜色选择器：颜色 1"对话框

Step 05 单击"确定"按钮，返回到"波浪参数"卷展栏，单击"颜色#2"右侧的颜色色块；弹出"颜色选择器：颜色 2"对话框，设置各参数，如图 8-31 所示。

Step 06 选择场景中的水面，单击"将材质指定给选定对象"按钮和"视口中显示明暗处理材质"按钮，显示贴图，按【F9】键进行快速渲染，如图 8-32 所示。

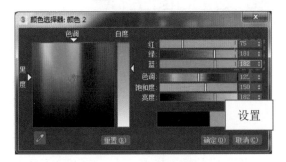

图 8-31　设置参数值

图 8-32　渲染模型效果

> ▶ 专家指点
>
> 在"波浪参数"卷展栏中，各主要选项的含义如下。
> ➤ 波浪组数量：用于设置波浪的数量。
> ➤ 波半径：用于设置波纹的半径值。
> ➤ 波长最大值/波长最小值：以活动单位数设定每个波的长度最大值和最小值。
> ➤ 振幅：用于设置轴向上的振幅波。
> ➤ 相位：用于调节波纹的相位，可以产生动态的波纹效果。

8.2.5　应用 Perlin 大理石贴图

Perlin 大理石贴图常用于模拟珍珠岩表面，使用 Perlin 湍流算法生成大理石图案。在"材质/贴图浏览器"对话框中，选择"Perlin 大理石"选项，单击"确定"按钮，展开"Perlin 大理石参数"卷展栏，如图 8-33 所示。在卷展栏中设置相应的参数后，即可得到 Perlin 大理石贴图的效果，如图 8-34 所示。

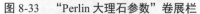

图 8-33　"Perlin 大理石参数"卷展栏　　　图 8-34　Perlin 大理石贴图效果

> ▶ 专家指点
>
> 在"Perlin 大理石参数"卷展栏中，各主要选项的含义如下。
> ➤ 大小：用于设置大理石图案的大小。
> ➤ 级别：用于设置湍流算法应用的次数，数值越大，大理石图案就越复杂。
> ➤ 颜色 1/颜色 2：用于设置大理石的主要颜色和贴图以及两种颜色的饱和度。

8.3　应用通道和设置贴图坐标

贴图通道和坐标是材质的重要组成部分，在 3ds Max 2020 中，可以反射贴图通道、凹凸贴图通道和贴图坐标进行调整。

8.3.1　应用反射贴图通道

反射贴图是一个非常重要的贴图类型，主要用于表现玻璃、金属和镜面等材质的强烈反光效果。下面介绍应用反射贴图通道的操作步骤。

应用反射贴图通道

Step 01 按【Ctrl + O】组合键，打开素材模型（资源\素材\第 8 章\圆凳.max），如图 8-35 所示。

Step 02 按【M】键，弹出"材质编辑器"对话框，选择合适的材质球，在"贴图"卷展栏中，❶选中"反射"复选框；❷单击右侧的"无贴图"按钮，如图 8-36 所示。

图 8-35 打开素材模型

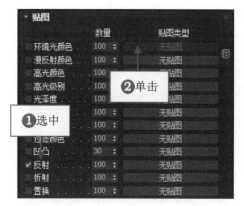

图 8-36 单击"无贴图"按钮

Step 03 弹出"材质/贴图浏览器"对话框，选择"位图"选项，如图 8-37 所示。

Step 04 单击"确定"按钮，弹出"选择位图图像文件"对话框，选择合适的贴图文件，如图 8-38 所示。

图 8-37 选择"位图"选项

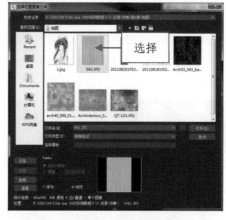

图 8-38 选择合适的贴图文件

▶ **专家指点**

在 3ds Max 2020 中可以创建三种反射，即基本反射贴图、自动反射贴图和平面镜反射贴图，这三种反射的作用如下。

➢ 基本反射贴图可以创建玻璃、金属效果，方法是在几何体上使用贴图，使贴图看起来向表面反射一样。

➢ 自动反射贴图不适用贴图，它从对象的中心向外看，把看到的东西映射在表面上。

➢ 平面镜贴图是应用于共面的面集合时生成反射对象的材质，以实际的镜子一样。

Step 05 单击"打开"按钮，添加贴图，单击"转到父对象"按钮 ，设置"反射"的"数量"

为 60，如图 8-39 所示。

Step 06 选择场景中的模型对象，单击"将材质指定给选定对象"按钮 和"视口中显示明暗处理材质"按钮 ，显示贴图，按【F9】键进行快速渲染，如图 8-40 所示。

图 8-39　设置参数值　　　　　　　　图 8-40　渲染模型效果

8.3.2　应用凹凸贴图通道

凹凸贴图通过图像的明暗影响材质表面的光滑度，从而在对象表面产生起伏变化的效果。贴图中白色的部分产生凸起，黑色的部分产生凹陷，中间色产生过渡，可用来模拟凹凸质感。使用凹凸贴图通道可对一般的砖墙、石板路面等具有凹凸效果的材质产生真实的效果。这种凹凸材质的凹凸部分不会产生阴影效果，在对象边界上也看不到真正的凹凸效果。如图 8-41 所示为应用凹凸贴图通道的前后对比效果。

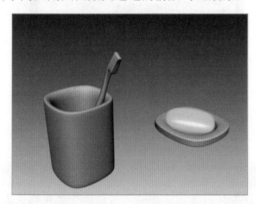

图 8-41　应用凹凸贴图通道的前后对比效果

▶ 专家指点

　　环境光颜色是处于阴影中的对象颜色。当由环境光而不是直接光照明时，该颜色就是对象反射的颜色。场景中的环境光颜色区域比环境光设置的亮，可以将材料的环境光颜色锁定为它的漫反射颜色；以使得更改一种颜色时，另一种颜色也会自动更改。

8.3.3 设置贴图坐标

贴图坐标用来为被赋予材质的场景对象，指定所选定的位图文件在对象上的位置、方向和大小比例。在为赋予材质中的任何一种贴图时，对象都必须基于贴图坐标。这个坐标确定贴图以何种方式映射在对象上，它不同于场景中的 *XYZ* 坐标系，而使用的是 *UV* 或 *UVW* 坐标系。每个对象自身属性中都具有"贴图坐标"的选项，可使对象在渲染效果中看到贴图。

对于球体、长方体和圆柱体这样简单的几何体，3ds Max 2020 会自动为对象指定默认的贴图坐标，即内置的贴图坐标。但对于一些复杂的几何体不会自动生成贴图坐标，在对这些复杂对象进行贴图时，必须手动设置贴图坐标。下面介绍调整贴图坐标的操作步骤。

Step 01 按【Ctrl + O】组合键，打开素材模型（资源\素材\第 8 章\花瓶.max），如图 8-42 所示。

Step 02 按【M】键，弹出"材质编辑器"对话框，选择第二个材质球，如图 8-43 所示。

图 8-42 打开素材模型

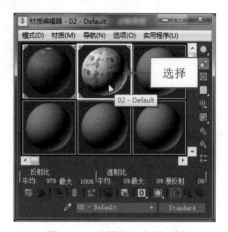

图 8-43 选择第二个材质球

Step 03 展开"坐标"卷展栏，设置"瓷砖"选项区中的各参数，如图 8-44 所示。

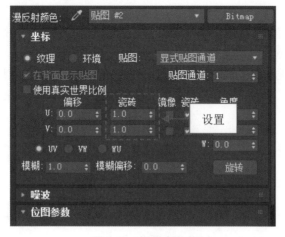

图 8-44 设置参数值

Step 04 执行上述操作后，即可改变所选对象的贴图坐标，按【F9】键进行快速渲染，效果如图 8-45 所示。

图 8-45　渲染模型效果

▶ 专家指点

漫反射颜色是使用最普遍的贴图。在该方式下，材质的漫反射部位的颜色成分将被贴图替换。"数量"数值框用于控制贴图输出，效果在 0～100 之间的层次与颜色成分按比例混合。

本章小结

贴图是对象材质表面的纹理，可以模拟纹理、反射、折射以及其他的一些效果，比基本材质更精细更真实。通过贴图可以增强模型的质感，完善模型的造型。

本章主要介绍 2D 与 3D 贴图的应用技巧，包括应用 2D 贴图、应用 3D 贴图、应用通道和设置贴图坐标等内容。通过本章的学习，希望读者能够很好地掌握各种贴图的应用方法。

课后习题

鉴于本章知识的重要性，为了帮助读者更好地掌握所学知识，本节将 　　　课后习题
通过上机习题，帮助读者进行简单的知识回顾和补充。

衰减贴图产生由强到弱的衰减效果，它根据几何体表面法线角度衰减成黑色或白色。默

认状态下，在当前视图中，贴图在法线指向外侧的面上生成白色，在平行于当前视图上生成黑色，可以创建绒布效果。本习题需要掌握在 3ds Max 2020 中应用衰减贴图的操作方法，素材与效果如图 8-46 所示。

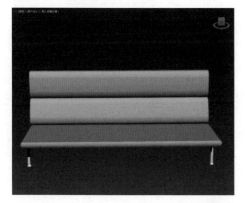 

图 8-46　素材与效果对比图

第 9 章
设置灯光与摄影机

9

　　3ds Max 2020 内置有标准灯光和光度学灯光两种类型，同时还具有摄影机功能，可以模拟真实世界人们观察事物的角度，也能模拟真实摄影作品中的一些特性。本章主要介绍设置灯光与摄影机的操作方法。

本章重点

➢　设置标准灯光
➢　修改灯光参数
➢　创建和修改摄影机

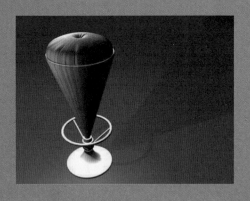

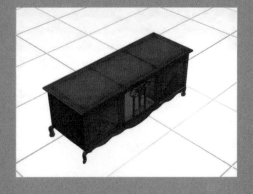

9.1　设置标准灯光

在三维场景中，标准灯光主要用来计算直射光。由于标准灯光不能计算其他对象的反射光源，所以在渲染时效果会比较生硬。本节主要介绍标准灯光的基础知识。

9.1.1　目标聚光灯

目标聚光灯可以产生一个锥形的投影光束，照射区域的对象会受灯光的影响而产生逼真的投射阴影，并且可以随意地调整光束范围。当场景中有对象遮住光束时，光束将被截断。在"对象类型"卷展栏中，单击"目标聚光灯"按钮后；在视图中，按住鼠标左键并拖曳，即可创建一盏目标聚光灯，如图 9-1 所示。

目标聚光灯的光源来自一个发光点，可以产生一个锥形的照明区域，从而影响光束里的对象，产生灯光的效果。在指定目标聚光灯的目标物后，灯光的本体将始终朝向目标物。如图 9-2 所示为目标聚光灯的照射效果。

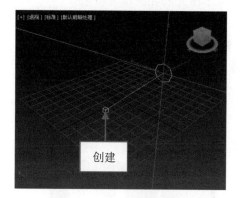

图 9-1　创建目标聚光灯

图 9-2　目标聚光灯照射效果

在创建目标聚光灯时，将展开"常规参数"卷展栏、"强度/颜色/衰减"卷展栏、"聚光灯参数"卷展栏、"高级效果"卷展栏、"阴影参数"卷展栏和"阴影贴图参数"卷展栏，如图 9-3 所示。

图 9-3　各参数卷展栏

其中，"常规参数"卷展栏中的参数主要用于控制灯光、阴影的开关以及灯光的排除设置。在"常规参数"卷展栏中，各主要选项的含义如下。

> 启用：选中"启用"复选框，即可开启阴影，从而渲染出阴影效果。
> 使用全局设置：选中该复选框，将把当前灯光的阴影参数应用到场景中所有投影功能的灯光上。
> 排除：单击该按钮，弹出"排除/包括"对话框，可以指定模型不受灯光的照射影响。
> 另外，"高级效果"卷展栏的参数主要用于调整在灯光的影响下，对象表面产生的效果和阴影贴图。在"高级效果"卷展栏中，各主要选项的含义如下。
> 对比度：用于调节对象表面高光区与过渡区之间的明暗对比度。
> 柔化漫反射边：用于柔化对象表面过渡区与阴影区之间的边缘。
> 投影贴图：用于设置灯光的阴影贴图。

9.1.2 设置目标平行光

目标平行光可以产生圆柱形的平行照射区域，类似于激光的光束，常用来模拟太阳光、极远处的探照灯等光源。下面介绍设置目标平行光的操作步骤。

设置目标平行光

Step 01 按【Ctrl + O】组合键，打开素材模型（资源\素材\第 9 章\沙发.max），如图 9-4 所示。

Step 02 ❶单击"创建"面板➕中的"灯光"按钮💡；❷在"光度学"列表框中选择"标准"选项，如图 9-5 所示。

图 9-4 打开素材模型　　　　　　　图 9-5 选择"标准"选项

▶ 专家指点

　　目标平行光可以产生圆柱体的平行照射区域，类似于激光的光束，常用于模拟太阳光、极远处的探照灯等光源。

Step 03 在"对象类型"卷展栏中，单击"目标平行光"按钮，如图 9-6 所示。

Step 04 在前视图中，按住鼠标左键并拖曳，创建目标平行光，如图 9-7 所示。

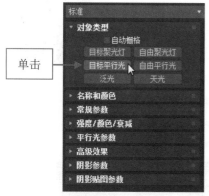
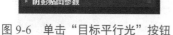

图 9-6　单击"目标平行光"按钮

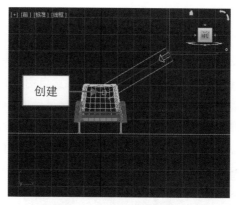

图 9-7　创建目标平行光

Step 05　切换至"修改"面板，在"强度/颜色/衰减"卷展栏中，设置"倍增"为 2，如图 9-8 所示。

Step 06　在"平行光参数"卷展栏中，设置"聚光区/光束"为 500、"衰减区/区域"为 502，如图 9-9 所示。

图 9-8　设置参数值

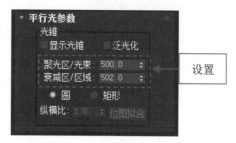

图 9-9　设置参数值

Step 07　单击主工具栏中的"选择并移动"按钮✛，在前视图中，选择目标平行光，对其进行移动，按【F9】键进行快速渲染，效果如图 9-10 所示。

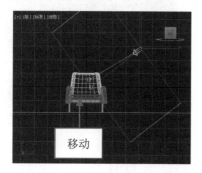

图 9-10　渲染模型效果

> ▶ **专家指点**
>
> 　　除了运用上述方法可以设置目标平行光外，还可以单击菜单栏中的"创建"|"灯光"|"标准灯光"|"目标平行光"命令。

9.1.3 设置自由平行光

自由平行光是一种与自由聚光灯相似，但没有目标点的平行光束，能够产生圆柱形的照射区域。下面介绍设置自由平行光的操作步骤。

设置自由平行光

Step 01 按【Ctrl + O】组合键，打开素材模型（资源\素材\第 9 章\茶几.max），如图 9-11 所示。

Step 02 ❶单击"创建"面板➕中的"灯光"按钮💡；❷在"光度学"列表框中选择"标准"选项；❸单击"对象类型"卷展栏中的"自由平行光"按钮，如图 9-12 所示。

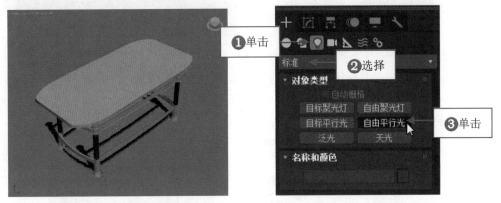

图 9-11　打开素材模型　　　　　图 9-12　单击"自由平行光"按钮

Step 03 移动鼠标指针至顶视图中，单击鼠标左键，创建自由平行光，如图 9-13 所示。

Step 04 切换至"修改"面板📝，在"强度/颜色/衰减"卷展栏中，设置"倍增"为 1.5，如图 9-14 所示。

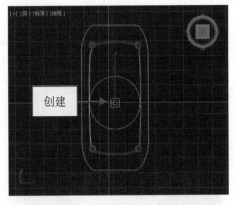

图 9-13　创建自由平行光　　　　图 9-14　设置参数值

Step 05 在各个视图中，选择自由平行光，对其进行移动，按【F9】键进行快速渲染，效果如图 9-15 所示。

▶ 专家指点

除了运用上述方法可以设置自由平行光外，还可以单击菜单栏中的"创建"|"灯光"|"标准灯光"|"自由平行光"命令。

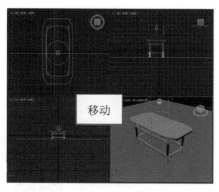 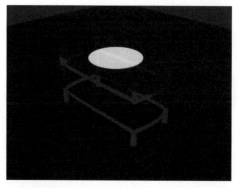

图 9-15　渲染模型效果

9.1.4　天光

天光是一种类似于日光的灯光类型，能够模拟自然光的漫射效果，常与"光线跟踪器"功能结合使用，使对象产生更加生动逼真的阴影效果。使用天光时，可以设置天空的颜色或指定为贴图。如图 9-16 所示为设置天光后的模型效果。

在"对象类型"卷展栏中，单击"天光"按钮，在视图中单击鼠标左键，即可创建天光。天光的参数与其他灯光的参数有所不同，天光只有一个参数卷展栏，即"天光参数"卷展栏，如图 9-17 所示。

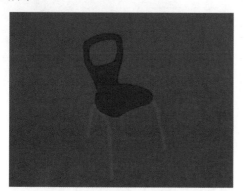 

图 9-16　设置天光后的模型效果　　　　图 9-17　"天光参数"卷展栏

▶ 专家指点

在"天光参数"卷展栏中，各主要选项的含义如下。

➤ 　启用：用于设置是否开启天光。

➤ 　倍增：用于设置天光的强度。

➤ 　使用场景环境：选中该单选按钮，可以使用场景环境的颜色作为天光的颜色。

➤ 　天空颜色：用于设置天光的颜色。

➤ 　投射阴影：用于设置天光是否投射阴影。

➤ 　每采样光线数：用于计算在场景中每个点的光子数目。

➤ 　光线偏移：用于设置光线产生的偏移距离。

9.2 修改灯光参数

创建灯光后，需要对灯光的参数进行修改，使灯光的效果更加逼真。可以修改灯光阴影、修改灯光颜色以及灯光强度等。本节主要介绍修改灯光参数的操作方法。

9.2.1 修改灯光阴影

修改灯光阴影

有光线的地方，必定会有阴影。在场景中除了创建灯光外，还具有阴影效果，这样会显得场景更加真实。在 3ds Max 2013 中，所有灯光类型（除了天光和 IES 天光）和所有阴影类型都具有"阴影参数"卷展栏。下面介绍修改灯光阴影的操作步骤。

Step 01　按【Ctrl + O】组合键，打开素材模型（资源\素材\第 9 章\圆凳.max），如图 9-18 所示。

Step 02　选择场景左侧的泛光灯对象，如图 9-19 所示。

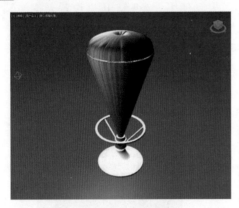

图 9-18　打开素材模型

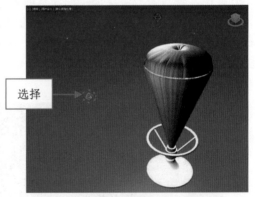

图 9-19　选择合适的灯光

Step 03　切换至"修改"面板，在"常规参数"卷展栏的"阴影"选项区中，选中"启用"复选框，如图 9-20 所示。

Step 04　执行上述操作后，即可修改灯光阴影效果，按【F9】键进行快速渲染，效果如图 9-21 所示。

图 9-20　选中"启用"复选框

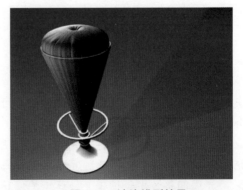

图 9-21　渲染模型效果

9.2.2　修改灯光颜色

　　根据场景的需要，还可以设置灯光的颜色，营造场景的冷暖色调，默认
状态下为白色。下面介绍修改灯光颜色的操作步骤。

修改灯光颜色

Step 01　按【Ctrl + O】组合键，打开素材模型（资源\素材\第 9 章\矮
　　　　　柜.max），如图 9-22 所示。

Step 02　在场景中，选择目标聚光灯对象，切换至"修改"面板 ，在"强度/颜色/衰减"卷展
　　　　　栏中，单击颜色色块，如图 9-23 所示。

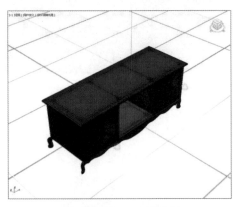

图 9-22　打开素材模型

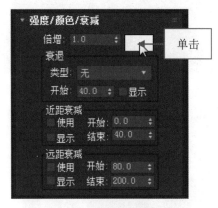

图 9-23　单击颜色色块

Step 03　弹出"颜色选择器：灯光颜色"对话框，设置各参数，如图 9-24 所示。

Step 04　单击"确定"按钮，即可设置灯光颜色，按【F9】键进行快速渲染，效果如图 9-25 所示。

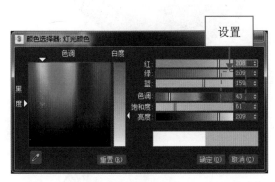

图 9-24　设置各参数

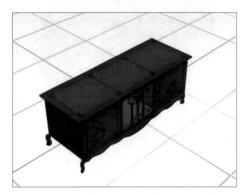

图 9-25　渲染模型效果

▶ **专家指点**

　　当调整灯光颜色时，在视图中会实时显示出颜色的变化。

9.2.3　修改灯光强度

　　灯光的强度也是指灯光的明暗程度，可以根据需要修改灯光强度。下面
介绍修改灯光强度的操作步骤。

修改灯光强度

Step 01 按【Ctrl + O】组合键，打开素材模型（资源\素材\第 9 章\双人床.max），如图 9-26 所示。

Step 02 在透视图中，选择泛光灯对象，如图 9-27 所示。

图 9-26　打开素材模型　　　　　　　　　图 9-27　选择泛光灯对象

Step 03 切换至"修改"面板，在"强度/颜色/衰减"卷展栏中，设置"倍增"为 1.5，如图 9-28 所示。

Step 04 执行上述操作后，即可修改灯光强度，按【F9】键进行快速渲染，效果如图 9-29 所示。

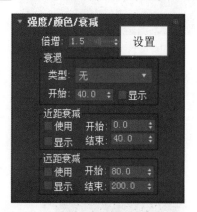

图 9-28　设置参数值　　　　　　　　　　图 9-29　渲染模型效果

▶ **专家指点**

　　倍增是用于控制灯光的照射强度，设置"倍增"参数对于在场景中有放置黑暗区域非常有用。

9.2.4　修改聚光区光束

　　聚光区是聚光灯投影光束的半径，发射角越小，光束就越窄，因此所照射的区域也就越小。修改聚光区光束的方法很简单，选择场景中的灯光，切换至"修改"面板，在"聚光灯参数"卷展栏中，设置"聚光区/光束"为 100，如图 9-30 所示。按【Enter】键确认后，即可调整聚光区光束，效果如图 9-31 所示。

图 9-30　设置参数值

图 9-31　调整聚光区光束效果

9.2.5　修改衰减区区域

衰减区是聚光灯光束向外渐暗的区域，可以通过输入数值设置衰减区域的大小，但是数值必须等于或大于发射角的角度。当所设置的数值等于发射角的角度时，光束有清晰的边缘。

修改衰减区区域的方法很简单，选择场景中的灯光，切换至"修改"面板 ，在"聚光灯参数"卷展栏中，设置"衰减区/区域"为 179.5，如图 9-32 所示。按【Enter】键确认后，即可调整衰减区区域，效果如图 9-33 所示。

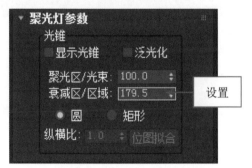

图 9-32　设置参数值

图 9-33　调整衰减区区域效果

9.3　创建和修改摄影机

摄影机可以模拟真实世界中人们观察事物的角度，如俯视、仰视和鸟瞰等。本节主要介绍摄影机的创建和修改。

9.3.1　了解摄影机

三维场景中的摄影机比现实中的摄影机更加优越，可以瞬间移至任何角度、更换镜头效果等。虽然，影机视图中的观察效果与在视图中的观察效果相同。但是在摄影机视图中，可以根据场景的需要随意调整摄影机的角度与位置，因此使用起来更加方便。

在 3ds Max 2020 中，在"创建"面板 单击"摄影机"按钮 ，展开"对象类型"卷展栏。有三种类型的摄影机，即物理摄影机、目标摄影机和自由摄影机。其中，目标摄影机

和自由摄影机的参数面板大致相同。单击"目标摄影机"按钮，展开"参数"卷展栏，如图
9-34 所示。

图 9-34 "参数"卷展栏

▶ 专家指点

在"参数"卷展栏中，各主要选项的含义如下。
➤ 镜头：以毫米为单位设置摄影机的焦距。
➤ 视野：用于设置摄影机查看区域的宽度视野，有水平、垂直和对角线三种。
➤ 正交投影：选中该复选框，系统将把摄影机视图转换为正交投影视图。
➤ 备用镜头：该选项区中提供了一些标准镜头，单击相应的按钮，镜头和视野数值
框中的数值会自动更新。
➤ 类型：用于切换摄影机的类型。
➤ 环境范围：用于模拟大气环境效果，而大气的浓度由摄影机范围决定。
➤ 剪切平面：用于设置摄影机的剪切范围，范围外的场景对象不可见。
➤ 目标距离：用于设置摄影机与目标点之间的距离。

9.3.2 创建目标摄影机

创建目标摄影机

目标摄影机由摄影机和目标点两部分构成，通过在场景中有选择的确定
目标点和摄影机来选择观察的角度，围绕目标对象观察场景，这是三维场景
中常用的一种摄影机类型。下面介绍创建目标摄影机的操作步骤。

Step 01 按【Ctrl+O】组合键，打开素材模型（资源\素材\第 9 章\显示器.max），如图 9-35 所示。

Step 02 在"创建"面板➕中，❶单击"摄影机"按钮▆；❷在"对象类型"卷展栏中单击"目
标"按钮，如图 9-36 所示。

图 9-35 打开素材模型

图 9-36 单击"目标"按钮

Step 03 在左视图中，按住鼠标左键并拖曳，创建目标摄影机，如图 9-37 所示。

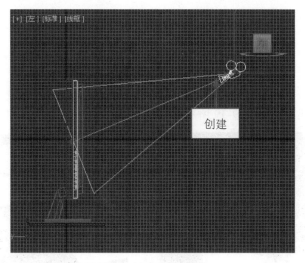

图 9-37 创建目标摄影机

Step 04 在各个视图中，调整摄影机的位置，在透视图中按【C】键，即可切换至摄影机视图，渲染效果如图 9-38 所示。

图 9-38 切换至摄影机视图

9.3.3 创建自由摄影机

自由摄影机没有目标点，可以自由旋转，没有约束。但在移动时，因为自由摄影机具有一定的方向性，所以镜头总是对着一个方向。

自由摄影机的创建方法与目标摄影机的创建方法和参数设置都是相同的。在"对象类型"卷展栏中单击"自由"按钮，在视图中单击鼠标左键，即可创建自由摄影机，但是创建出来的摄影机没有目标点。

> ▶ 专家指点
>
> 　　按【Shift＋C】组合键，可以显示或隐藏摄影机。在场景中创建摄影机后，"视图控制区"的按钮也会相应的发生变化。

9.3.4 调整摄影机焦距

摄影机焦距以毫米为单位，焦距越小，图片中包含的场景就越多；焦距越大，图片中包含的场景就越少，但会显示远距离对象的更多细节。

选择摄影机，在"修改"面板 中的"参数"卷展栏中，调整"镜头"数值框中的数值，即可调整摄影机的焦距。如图 9-39 所示为同一场景"镜头"分别为 40 和 70 的效果对比。

图 9-39　不同镜头效果对比图

本章小结

灯光和摄影机是三维制作中两个重要的组成部分，它们本身不能被渲染，但在表现场景、气氛、动作和构图等方面发挥着至关重要的作用。本章主要介绍设置标准灯光、修改灯光参数、创建和修改摄影机等方法，通过本章的学习，希望读者能够很好地掌握灯光与摄影机的使用技巧。

课后习题

鉴于本章知识的重要性，为了帮助读者更好地掌握所学知识，本节将通过上机习题，帮助读者进行简单的知识回顾和补充。•

　　本习题需要掌握在 3ds Max 2020 中设置灯光阴影颜色的操作方法，素材与效果如图 9-40 所示。

图 9-40　素材与效果对比图

第 10 章
应用渲染环境特效

10

在 3ds Max 2020 动画制作中，环境和效果的设置功能十分强大，而且与灯光、摄影机具有同样重要的作用。能够创建各种增加场景真实感的气氛，如雾、体积光和火焰等效果，还可以设置背景贴图，使渲染后的场景更加真实。本章主要介绍应用渲染环境特效的操作方法。

本章重点

➢　设置渲染环境
➢　应用大气效果
➢　应用 Video Post 编辑器

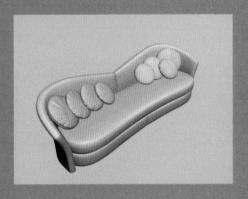

10.1　设置渲染环境

在 3ds Max 2020 中，可以使用"环境"面板，任意更改背景的颜色、图案以及环境光等设置。本节主要介绍设置渲染环境的操作方法。

10.1.1　设置渲染背景颜色

可以设置渲染图像的背景颜色，默认设置为黑色。下面介绍设置渲染背景颜色的操作步骤。

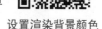

设置渲染背景颜色

Step 01　按【Ctrl + O】组合键，打开素材模型（资源\素材\第 10 章\沙发.max），如图 10-1 所示。

Step 02　在菜单栏中，单击"渲染"|"环境"命令，如图 10-2 所示。

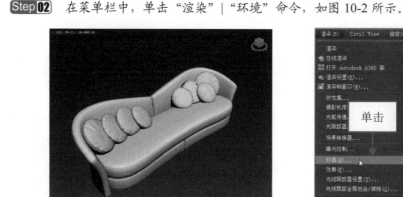

图 10-1　打开素材模型　　　　　　　　　　图 10-2　单击"环境"命令

Step 03　弹出"环境和效果"对话框，在"公用参数"卷展栏的"背景"选项区中，单击"颜色"下方的色块，如图 10-3 所示。

Step 04　弹出"颜色选择器：背景色"对话框，设置各参数，如图 10-4 所示。

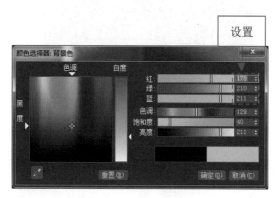

图 10-3　单击相应的色块　　　　　　　　　图 10-4　设置各参数

Step **05** 单击"确定"按钮，即可设置背景颜色，如图 10-5 所示。

Step **06** 按【F9】键进行快速渲染，效果如图 10-6 所示。

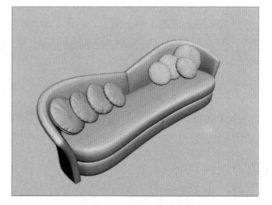

图 10-5 设置背景颜色 　　　　　　　　　　　图 10-6 渲染模型效果

▶ 专家指点

除了运用上述方法可以弹出"环境和效果"对话框外，还可以在大键盘上按【8】键，即可快速弹出该对话框。

10.1.2 设置渲染背景贴图

除了可以设置渲染背景的颜色外，还可以为背景添加贴图，使场景的效果更加逼真。下面介绍设置渲染背景贴图的操作步骤。

设置渲染背景贴图

Step **01** 按【Ctrl + O】组合键，打开素材模型（资源\素材\第 10 章\花瓶.max），如图 10-7 所示。

Step **02** 在菜单栏中，单击"渲染"|"环境"命令，弹出"环境和效果"对话框，在"公用参数"卷展栏的"背景"选项区中，单击"无"按钮，如图 10-8 所示。

图 10-7 打开素材模型 　　　　　　　　　图 10-8 单击"无"按钮

Step **03** 弹出"材质/贴图浏览器"对话框，在"贴图"列表框中选择"位图"选项，如图 10-9 所示。

Step **04** 单击"确定"按钮，弹出"选择位图图像文件"对话框，选择贴图文件，如图 10-10 所示。

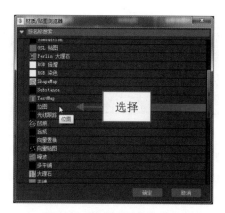

图 10-9　选择"位图"选项

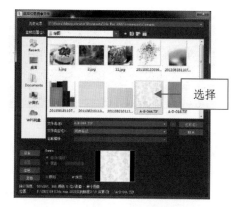

图 10-10　选择合适的贴图文件

Step 05　单击"打开"按钮，即可设置背景贴图，如图 10-11 所示。

Step 06　按【F9】键进行快速渲染，效果如图 10-12 所示。

图 10-11　设置背景贴图

图 10-12　渲染模型效果

▶ **专家指点**

背景贴图或颜色仅能在渲染时才能显示出来。

10.1.3　设置曝光

通过"环境和效果"对话框中的"曝光控制"卷展栏，可以控制渲染输出级别和颜色渲染范围。启用曝光控制可以为渲染图像添加动态范围，使场景更接近眼睛实际看到的效果。在菜单栏中，单击"渲染"|"环境"命令，弹出"环境和效果"对话框，展开"曝光控制"卷展栏，如图 10-13 所示。单击下拉列表框右侧的下拉按钮，在下拉列表框中共有五种曝光控制类型，如图 10-14 所示。

▶ **专家指点**

选择不同的曝光控制类型，都会展开一个相对应的卷展栏，可以在卷展栏中设置曝光的亮度、对比度等参数。

图 10-13 "曝光控制"卷展栏

图 10-14 曝光控制类型菜单

在曝光控制类型菜单中，各主要选项的含义如下。

➢ 对数曝光控制：可以将物理值映射为 RGB 值，比较适合动态范围很高的场景。

➢ 伪彩色曝光控制：可以将亮度映射为显示转换值的亮度的伪彩色。

➢ 物理摄影机曝光控制：可以提供像摄影机一样的控制，包括快门速度、光圈、胶片速度，以及对高光、中间调和阴影的图像控制。

➢ 线性曝光控制：可以从渲染中进行采样，并且可以使用场景的平均亮度来将物理值映射为 RGB 值，适用于动态范围很低的场景。

➢ 自动曝光控制：可以从渲染图中进行采样，并生成一个直方图，以便在渲染的整个动态范围中提供良好的色彩分离。

10.1.4 设置染色

染色主要是指全局光照的颜色，当改变"染色"的颜色时，场景中的模型也会受到颜色的影响而发生变化。下面介绍设置染色的操作步骤。

设置染色

Step 01　按【Ctrl + O】组合键，打开素材模型（资源\素材\第 10 章\吸顶灯.max），如图 10-15 所示。

Step 02　在菜单栏中，单击"渲染"|"环境"命令，弹出"环境和效果"对话框，在"公用参数"卷展栏中的"全局照明"选项区中，单击"染色"下方的色块，如图 10-16 所示。

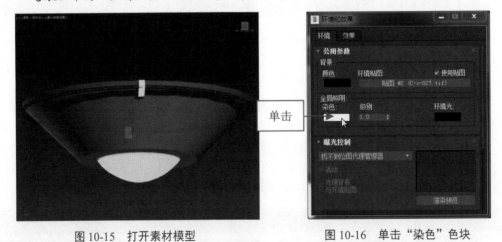

图 10-15 打开素材模型　　　　　图 10-16 单击"染色"色块

Step 03　弹出"颜色选择器：全局光色彩"对话框，设置各参数，如图 10-17 所示。

Step 04　单击"确定"按钮，即可设置染色，按【F9】键进行快速渲染，效果如图 10-18 所示。

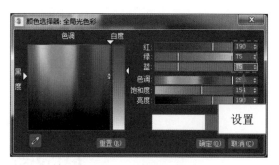

图 10-17　设置各参数

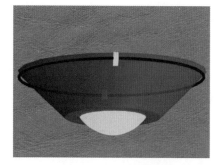

图 10-18　渲染模型效果

10.1.5　设置环境光

通过环境光可以设置照亮整个场景的常规光线，下面介绍设置环境光的操作步骤。

设置环境光

Step 01　按【Ctrl + O】组合键，打开素材模型（资源\素材\第 10 章\椅子.max），如图 10-19 所示。

Step 02　在菜单栏中，单击"渲染"|"环境"命令，弹出"环境和效果"对话框，在"公用参数"卷展栏中，单击"环境光"下方的色块，如图 10-20 所示。

图 10-19　打开素材模型

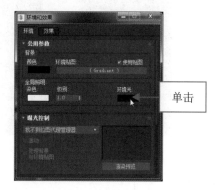

图 10-20　单击"环境光"色块

Step 03　弹出"颜色选择器：环境光"对话框，设置各参数，如图 10-21 所示。

Step 04　单击"确定"按钮，即可设置环境光，按【F9】键进行快速渲染，效果如图 10-22 所示。

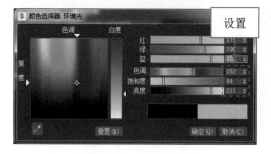

图 10-21　设置参数值

图 10-22　渲染模型效果

10.2 应用大气效果

大气特效用来模拟现实生活中的大气状况，如光线、云雾弥漫等效果。本节主要介绍应用大气效果的操作方法。

10.2.1 应用火焰效果

使用"火效果"功能可以制作出火焰、烟雾和爆炸等效果。该功能只是制作出火焰的效果，并不会产生任何照明效果，而且在场景中不能发光或投射阴影。如果要模拟火焰效果的发光，必须同时创建灯光。下面介绍应用火焰效果的操作步骤。

应用火焰效果

Step 01 按【Ctrl + O】组合键，打开素材模型（资源\素材\第 10 章\蜡烛.max），如图 10-23 所示。

Step 02 在视图中，选择合适的模型，切换至"修改"面板，在"大气和效果"卷展栏中，单击"添加"按钮，如图 10-24 所示。

图 10-23 打开素材模型

图 10-24 单击"添加"按钮

Step 03 弹出"添加大气"对话框，选择"火效果"选项，如图 10-25 所示。

Step 04 单击"确定"按钮，返回到"大气和效果"卷展栏，即可添加火效果，❶在列表框中选择"火效果"选项；❷单击"设置"按钮，如图 10-26 所示。

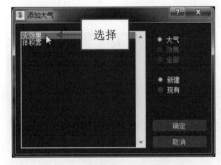

图 10-25 选择"火效果"选项

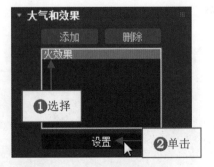

图 10-26 单击"设置"按钮

Step 05　弹出"环境和效果"对话框，❶在"火效果参数"卷展栏中的"图形"选项区中设置各参数；❷在"特性"选项区中设置各参数，如图 10-27 所示。

Step 06　按【F9】键进行快速渲染，效果如图 10-28 所示。

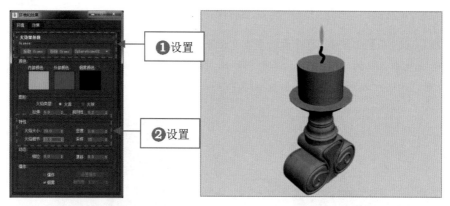

图 10-27　设置参数值　　　　　　　　图 10-28　渲染模型效果

▶ **专家指点**

在"火效果参数"卷展栏中，各主要选项的含义如下。

➢ **Gizmos**：必须为火焰效果指定大气装置，才能渲染火焰效果。

➢ **内部颜色**：设置效果中最密集部分的颜色，此颜色代表火焰中最热的部分。

➢ **外部颜色**：设置效果中最稀薄部分的颜色，此颜色代表火焰中较冷的散热边缘。

➢ **烟雾颜色**：设置用于"爆炸"选项的烟雾颜色。

➢ **火舌**：沿着中心使用纹理创建带方向的火焰。

➢ **火球**：创建圆形的爆炸火焰，很适合表现爆炸效果。

➢ **拉伸**：将火焰沿着装置的 Z 轴缩放。如果值小于 1.0，将压缩火焰，使火焰更短更粗；如果值大于 1.0，将拉伸火焰，使火焰更长更细。

➢ **规则性**：用于修改火焰填充装置的方式。

➢ **火焰大小**：用于设置装置中各个火焰的大小。装置大小会影响火焰大小，装置越大，需要的火焰也越大。

➢ **密度**：用于设置火焰效果的不透明度和亮度。

➢ **火焰细节**：用于控制每个火焰中显示的颜色更改量和边缘尖锐度。

➢ **采样**：用于设置效果的采样率。值越高，生成的结果越准确，渲染时间也越长。

➢ **相位**：用于控制更改火焰效果的速率。

➢ **漂移**：用于设置火焰沿着火焰装置的 Z 轴的渲染方式。

➢ **爆炸**：可根据相位值参数，自动设置大小、密度和颜色的动画效果。

➢ **烟雾**：用于控制爆炸是否产生烟雾。

➢ **剧烈度**：用于改变相位参数的涡流效果。

10.2.2　应用雾效果

使用"雾效果"功能可以创建出雾、烟雾和蒸汽等特殊天气效果，并且还可以更改雾的颜色。下面介绍应用雾效果的操作步骤。

Step 01　按【Ctrl + O】组合键，打开素材模型（资源\素材\第 10 章\渔船.max），如图 10-29 所示。

Step 02　单击菜单栏中的"渲染"|"环境"命令，弹出"环境和效果"对话框，在"大气"卷展栏中，单击"添加"按钮，如图 10-30 所示。

图 10-29　打开素材模型　　　　图 10-30　单击"添加"按钮

Step 03　弹出"添加大气效果"对话框，选择"雾"选项，如图 10-31 所示。

Step 04　单击"确定"按钮，返回到"大气"卷展栏，即可添加雾效果，如图 10-32 所示。

图 10-31　选择"雾"选项　　　　图 10-32　添加"雾"效果

▶ **专家指点**

在"雾参数"卷展栏中，相关选项的含义如下。

➢ 颜色：用于设置雾的颜色。

➢ 雾化背景：选中该复选框，可以将雾功能应用于场景的背景中。

➢ 类型：选中"标准"单选按钮时，雾将使用"标准"选项区的参数；选中"分层"单选按钮时，雾将使用"分层"选项区的参数。

➢ 指数：随距离按指数增大密度。

➢ 近端%：设置雾在近距范围的密度。

➢ 远端%：设置雾在远距范围的密度。

Step**05**　在"雾参数"卷展栏中，设置各参数，如图 10-33 所示。

Step**06**　按【F9】键进行快速渲染，效果如图 10-34 所示。

图 10-33　设置各参数　　　　　　　　图 10-34　渲染模型效果

10.2.3　亮度和对比度效果

使用"亮度和对比度"效果，可以调整图像的亮度与对比度，以便将渲染图像和背景图像进行匹配。

按【8】键，弹出"环境和效果"窗口，切换至"效果"选项卡。在"效果"卷展栏中，单击"添加"按钮，弹出"添加效果"对话框，选择"亮度和对比度"选项；单击"确定"按钮，展开"亮度和对比度参数"卷展栏，调整"亮度"与"对比度"数值框，如图 10-35 所示。

执行上述操作后，即可为场景添加"亮度和对比度"效果，如图 10-36 所示。

图 10-35　"亮度与对比度参数"卷展栏　　　图 10-36　亮度与对比度效果

10.3　应用 Video Post 编辑器

Video Post 编辑器可以合并并渲染输出不同类型的事件，其中包括当前场景、位图图像和图像处理功能等。本节主要介绍应用 Video Post 编辑器的具体操作方法。

10.3.1 添加场景事件

添加场景事件

添加场景事件是指将选定视口中的场景添加至队列。场景事件是当前 3ds Max 2020 场景的视图，可以选择显示哪个视图，以及如何同步最终视频与场景。下面介绍添加场景事件的操作步骤。

Step 01 按【Ctrl + O】组合键，打开素材模型（资源\素材\第 10 章\化妆品.max），如图 10-37 所示。

Step 02 在菜单栏中，单击"渲染"|"视频后期处理"命令，弹出"视频后期处理"对话框，单击"添加场景事件"按钮，如图 10-38 所示。

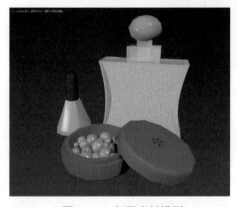

图 10-37　打开素材模型

图 10-38　单击"添加场景事件"按钮

Step 03 弹出"添加场景事件"对话框，单击"确定"按钮，如图 10-39 所示。

Step 04 执行上述操作后，即可添加场景事件，如图 10-40 所示。

图 10-39　单击"确定"按钮

图 10-40　添加场景事件

▶ **专家指点**

　　在"视频后期处理"对话框中，"队列"列表框提供要合成的图像、场景和事件的层级列表；类似于"轨迹视图"和"材质编辑器"中的其他层级列表。在"视频后期处理"对话框中，列表项为图像、场景、动画或一起构成队列的外部过程，这些队列中的项目被称为事件。

10.3.2 添加图像输入事件

添加图像输入事件是指将静止或移动的图像添加至场景。图像输入事件可以将图像放置到队列中，但不同于场景事件，图像是一个事先保存过的文件或设备生成的图像。下面介绍添加图像输入事件的操作步骤。

添加图像输入事件

Step 01 以 10.3.1 小节的素材为例（资源\素材\第 10 章\化妆品.max），
在菜单栏中，单击"渲染"|"视频后期处理"命令，弹出"视频后期处理"对话框，
单击"添加图像输入事件"按钮 ，如图 10-41 所示。

Step 02 弹出"添加图像输入事件"对话框，在"无可用项"选项区中，单击"文件"按钮，如
图 10-42 所示。

图 10-41 单击"添加图像输入事件"按钮

图 10-42 单击"文件"按钮

Step 03 弹出"为视频后期处理输入选择图像文件"对话框，选择合适的图像文件，如图 10-43
所示。

Step 04 单击"打开"按钮，返回到"添加图像输入事件"对话框，单击"确定"按钮，添加图
像输入事件，如图 10-44 所示。

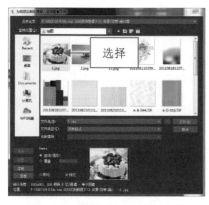

图 10-43 选择合适的图像文件

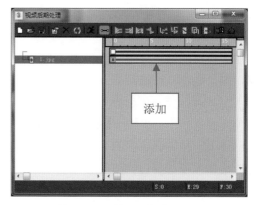

图 10-44 添加图像输入事件

10.3.3 添加图像输出事件

添加图像输出事件是提供用于编辑输出图像事件的控件，并且还可以选择所输出图像的格式。下面介绍添加图像输出事件操作步骤。

单击菜单栏中的"渲染"｜"视频后期处理"命令，弹出"视频后期处理"对话框，单击"添加图像输出事件"按钮，弹出"添加图像输出事件"对话框，单击"文件"按钮，如图 10-45 所示。

执行上述操作后，弹出"为视频后期处理输出选择图像文件"对话框，❶设置"文件名"为"图像输出事件"；❷在"保存类型"右侧的下拉列表中选择"BMP 图像文件（*.bmp）"选项，如图 10-46 所示。单击"确定"按钮，弹出"BMP 设置"对话框，再次单击"确定"按钮，即可添加图像输出事件。

图 10-45 单击"文件"按钮

图 10-46 设置相应选项

10.3.4 添加图像过滤事件

添加图像过滤器事件是指提供图像和场景的图像处理，过滤器中提供了几种类型的图像过滤器，如"底片"过滤器可以反转图像的颜色。下面介绍添加图像过滤器事件操作步骤。

单击菜单栏中的"渲染"｜"视频后期处理"命令，弹出"视频后期处理"对话框，单击"添加图像过滤事件"按钮，弹出"添加图像过滤事件"对话框，在"底片"下拉列表框中列出了十一种过滤事件的类型，如图 10-47 所示。

可以根据需要选择过滤事件，单击"确定"按钮，即可添加图像过滤事件，如图 10-48 所示。

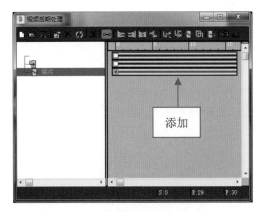

图 10-47　弹出"添加图像过滤事件"对话框　　　　图 10-48　添加图像过滤事件

本章小结

本章主要介绍了应用渲染环境特效的操作方法，包括设置渲染环境、应用大气效果以及应用 Video Post 编辑器等内容。通过本章的学习，希望读者能够很好地掌握 3D 模型的渲染方法。

课后习题

鉴于本章知识的重要性，为了帮助读者更好地掌握所学知识，本节将
通过上机习题，帮助读者进行简单的知识回顾和补充。

课后习题

色彩平衡效果可以通过设置 RGB 通道调整相加/相减颜色参数值，从而控制渲染图像的颜色。本习题需要掌握在 3ds Max 2020 中应用色彩平衡效果的操作方法，素材和效果如图 10-49 所示。

图 10-49　素材和效果对比图

第 11 章
创建与设置动画效果

在 3ds Max 2020 中可以设置对象位置的移动、旋转和缩放的动画效果，以及改变对象形状、曲面、正向和反向运动学等类型的动画效果，并且可以在轨迹视图中编辑动画。本章主要介绍创建和设置动画效果的操作方法。

本章重点

➢ 设置和控制动画
➢ 设置轨迹视图
➢ 创建角色动画

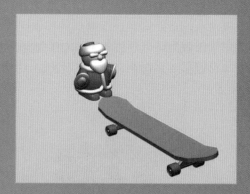

11.1　设置和控制动画

在动画控制区中，可以设置任何对象变换参数的动画效果、播放顺序和关键点等。本节主要介绍动画控制的基本知识和操作方法。

11.1.1　动画的概念

动画是以人类视觉暂留的特性为基础，要使制作的模型富有生命力，必须将场景组成动画。动画的原理与制作动画电影一样，将每个动作分成若干帧并为其添加相应的效果，播放时在人的视觉中就形成了动画。

制作动画时，需要对角色或物体的运动有着细致的观察和深刻的体会，抓住了运动的"灵魂"，才能制作出生动逼真的动画作品。

11.1.2　设置帧速率

帧速率是用于指定帧播放的速率，中国和欧洲使用的都是 PAL 制式，即每秒 25 帧，也可以自定义每秒的帧数。

单击动画控制区中的"时间配置"按钮 ，如图 11-1 所示。弹出"时间配置"对话框，在"帧速率"选项区中，选中 PAL 单选按钮，单击"确定"按钮，即可设置帧速率；再次调出"时间配置"对话框，在"帧速率"选项区中即可查看帧速率 FPS 为 25，如图 11-2 所示。

图 11-1　单击"时间配置"按钮

图 11-2　"时间配置"对话框

在"时间配置"对话框中，各主要选项的含义如下。

➢ NTSC：是指美国和日本的视频标准，约每秒 30 帧。

➢ PLA：是指欧洲的视频标准，每秒 25 帧。

➢ 电影：是指电影标准，每秒 24 帧。

➢ 自定义：是指可自定义 FPS 参数中设置的帧速率。

➢ PPS：采用每秒帧数来设置动画的帧速率。

➢ 时间显示：指定在时间滑块及整个 3ds Max 2020 中显示时间的方法(以帧数、SMPTE、帧数和刻度数或以分钟数、秒数和刻度数显示）。

- ➤ 实时：默认状态下，该复选框为选中状态，此时动画将按选定的速度播放，在需要时将跳过一些帧以维持正常的播放速度。
- ➤ 仅活动视口：选中该复选框，动画只在当前选择视口中播放。
- ➤ 循环：选中该复选框后，动画将反复进行播放；取消选中该复选框，动画只播放一次然后停止。
- ➤ 速度：该选项区中有五个单选按钮，用于设置动画播放的速度。
- ➤ 方向：该选项区可以将动画设置为向前播放、反转播放或往复播放。
- ➤ 开始时间：用于设置动画开始的时间。
- ➤ 结束时间：用于设置动画结束的时间。
- ➤ 长度：用于设置整个动画的长度。
- ➤ 帧数：用于设置动画的总帧数。
- ➤ 重缩放时间：单击该按钮，弹出"重缩放时间"对话框，可以新建时间段。
- ➤ 当前时间：用于设置动画当前的时间。
- ➤ 使用轨迹栏：使关键点模式能够遵循轨迹栏中的所有关键点。
- ➤ 仅选定对象：在使用"关键点步幅"模式时只考虑选定对象的变换。
- ➤ 使用当前变换：选中该复选框，可以禁用"位置""旋转"和"缩放"功能，并在关键点模式中使用当前变换。

11.1.3 设置关键点

通过设置关键点可以记录动画的起点和终点，从而生成完整的动画效果。下面介绍设置关键点的操作步骤。

设置关键点

Step 01 按【Ctrl + O】组合键，打开素材模型（资源\素材\第 11 章\花朵.max），如图 11-3 所示。

Step 02 ❶单击动画控制区中的"自动关键点"按钮；❷按住时间滑块并拖曳至 40 帧处，如图 11-4 所示。

图 11-3　打开素材模型

图 11-4　拖曳时间滑块

Step 03 在透视视图中选择下方的花朵，沿 Z 轴向下拖曳至合适位置，如图 11-5 所示。

Step 04　单击动画控制区的"设置关键点"按钮，即可设置关键点，如图 11-6 所示。

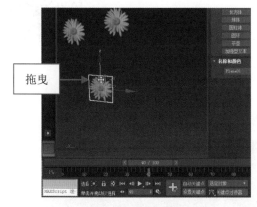

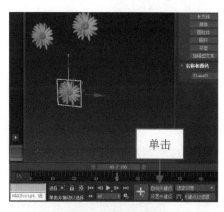

图 11-5　调整模型位置　　　　　　　　　图 11-6　设置关键点

▶ 专家指点

　　在编辑动画的过程中，可以删除某个具体的关键点。选择场景中的动画对象，即可显示关键点。选择轨迹栏中相应关键帧处的关键点，单击鼠标右键，在弹出的快捷菜单中选择"删除选定关键点"选项，即可删除关键点。另外，还可以在选择关键点后，按【Delete】键快速将其删除。

11.1.4　播放动画

　　创建好动画以后，可以实时观看动画的播放效果。例如，打开素材模型，单击动画控制区中的"播放动画"按钮▶，当时间滑块移动至第 10 帧的位置时，效果如图 11-7 所示。当时间滑块移动至第 70 帧时，效果如图 11-8 所示。

图 11-7　第 10 帧时的动画效果　　　　　　图 11-8　第 70 帧时的动画效果

▶ 专家指点

　　除了运用上述方法可以播放动画外，还可以按键盘上的【/】键快速播放动画。

11.1.5　停止播放动画

可以播放动画观察动画效果，当观看完动画后，也可以停止动画的播放。下面介绍停止播放动画的操作步骤。

Step 01　按【Ctrl + O】组合键，打开素材模型（资源\素材\第 11 章\手机广告.max），如图 11-9 所示。

Step 02　单击动画控制区中的"播放动画"按钮▶，如图 11-10 所示。

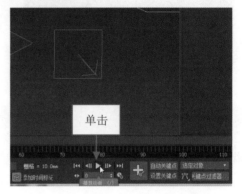

图 11-9　打开素材模型　　　　　　　　图 11-10　单击"播放动画"按钮

Step 03　当播放至第 43 帧位置时，再次单击"播放动画"按钮，如图 11-11 所示。

Step 04　执行上述操作后，即可停止播放动画，如图 11-12 所示。

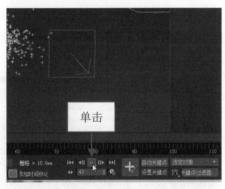

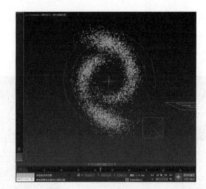

图 11-11　单击"播放动画"按钮　　　　　图 11-12　停止播放动画

11.1.6　使用动画约束

动画约束可用于通过与其他对象的绑定关系，控制对象的位置、旋转和缩放。例如，附着约束是一种位置约束方式，可以将一个对象附着到另一个对象的面上。下面介绍使用附着约束的操作步骤。

Step 01　按【Ctrl + O】组合键，打开素材模型（资源\素材\第 11 章\滑板.max），如图 11-13 所示。

Step 02　在透视视图中，选择老人对象，单击菜单栏中的"动画"|"约束"|"附着约束"命令，

如图 11-14 所示。

Step 03　拖曳鼠标至滑板对象上，单击鼠标左键，即可将老人附着约束在滑板上，效果如图 11-15 所示。

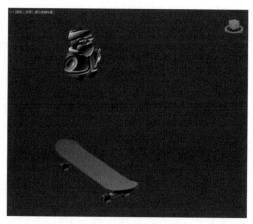

图 11-13　打开素材模型

图 11-14　单击"附着约束"命令

Step 04　切换至"运动"面板，展开"位置列表"卷展栏，❶选中"平均权重"复选框；❷在"附着参数"卷展栏中取消选中"对齐到曲面"复选框，如图 11-16 所示。

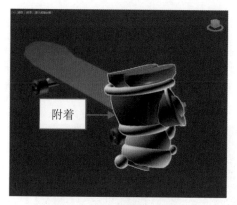

图 11-15　附着约束对象

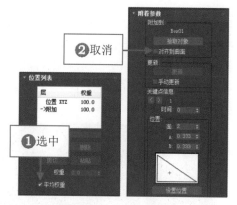

图 11-16　设置各选项

Step 05　单击动画控制区中的"播放动画"按钮▶，播放动画至第 30 帧时，效果如图 11-17 所示。

Step 06　播放动画至第 70 帧时，效果如图 11-18 所示。

图 11-17　第 30 帧时的动画效果

图 11-18　第 70 帧时的动画效果

11.2　设置轨迹视图

轨迹视图是三维动画制作的重要工作窗口，可以很方便地对关键帧和动作进行调节。本节主要介绍轨迹视图的使用方法。

11.2.1　打开轨迹视图窗口

轨迹视图是一个功能非常强大的动画编辑工具。通过"轨迹视图-曲线编辑器"窗口，可以对动画中创建的声音共建点进行查看和编辑；还可以指定动画控制器，以便插补或控制场景对象的所有关键点和参数。

在"轨迹视图-曲线编辑器"窗口中，所有对象都是以层次树的方式显示的，对象的各种变换操作也都是以层次关系显示的。基础动画的层次关系比较简单，而角色动画或更复杂的动画之间的层次关系就比较复杂。

轨迹视图分为"曲线编辑器"和"摄影表"两种不同的视图编辑模式。在"轨迹视图-曲线编辑器"窗口中，以函数曲线方式显示和编辑动画。在"摄影表"模式中，以动画的关键点和时间范围方式显示和编辑动画。关键帧由不同的颜色分类，并且可以左右移动以更改动画的时间。

单击主工具栏中的"曲线编辑器"按钮，即可打开"轨迹视图-曲线编辑器"窗口，如图 11-19 所示。"轨迹视图-曲线编辑器"窗口中提供了丰富的关键点编辑工具，可以对关键点进行移动、滑动、缩放、复制和添加等操作。在窗口中，"轨迹视图-曲线编辑器"窗口与"轨迹视图-摄影表"窗口也可以相互切换，单击"模式"|"摄影表"命令，即可切换为"轨迹视图-摄影表"窗口。

图 11-19　"轨迹视图-曲线编辑器"窗口

> ▶ 专家指点
>
> 除了运用上述方法打开"轨迹视图-曲线编辑器"窗口外，还有以下两种常用的方法。
> ➤ 命令：在菜单栏中，单击"图形编辑器"|"轨迹视图-曲线编辑器"命令。
> ➤ 按钮法：单击轨迹栏左上角的"打开迷你曲线编辑器"按钮，使用此方法，时间滑块和轨迹栏被"轨迹视图"窗口替代。

11.2.2　添加循环效果

添加循环效果

循环事件的范围栏以彩色显示子事件播放的原始持续时间，以灰色显示循环事件的范围。下面介绍添加循环效果的操作步骤。

Step 01　按【Ctrl + O】组合键，打开素材模型（资源\素材\第 11 章\蝴蝶.max），如图 11-20 所示。

Step 02　选择场景中的对象，单击主工具栏中的"曲线编辑器"按钮，打开"轨迹视图-曲线编辑器"窗口，选择合适的轨迹线，如图 11-21 所示。

图 11-20　打开素材模型

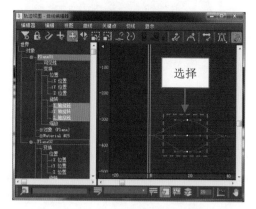

图 11-21　选择合适的轨迹线

Step 03　单击"编辑"|"控制器"|"超出范围类型"命令，弹出"参数曲线超出范围类型"对话框，单击"循环"下方的图标，如图 11-22 所示。

Step 04　单击"确定"按钮，即可添加循环效果，如图 11-23 所示。

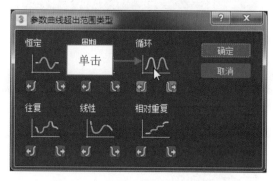

图 11-22　单击"循环"下方的图标

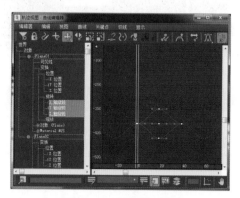

图 11-23　添加循环效果

▶ **专家指点**

循环是指在一个范围内重复相同的动画，但是会在范围内的结束帧和起始帧之间进行插值创建平滑的循环。如果初始和结束关键点同时位于范围的末端，循环实际上会与周期类似。

Step 05　关闭"轨迹视图-曲线编辑器"窗口，单击"播放动画"按钮，当时间滑块移动至第

25 帧的位置时，效果如图 11-24 所示。

Step 06 当时间滑块移动至第 80 帧的位置时，效果如图 11-25 所示。

图 11-24　第 25 帧时动画效果　　　　图 11-25　第 80 帧时动画效果

11.2.3　修改轨迹切线

可以对轨迹切线进行修改，从而控制对象的运动。选择场景中的对象，单击菜单栏中的"图形编辑器"|"轨迹视图-曲线编辑器"命令；打开"轨迹视图-曲线编辑器"窗口，框选"轨迹视图-曲线编辑器"窗口中所有轨迹上的关键点，如图 11-26 所示。单击"将切线设置为阶梯式"按钮，即可修改轨迹切线，如图 11-27 所示。

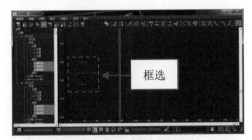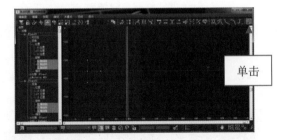

图 11-26　框选关键点　　　　　　图 11-27　修改轨迹切线

▶ 专家指点

　可以将关键点切线设置为慢速内切线、慢速外切线或两者都有，使用阶跃可以冻结一个关键点到另一个关键点的移动。

11.3　创建角色动画

角色动画是一种特殊的类型，从建模、材质贴图，到骨骼连接和动作调节，都有自身的解决方案。角色动画是特定于某一角色设置动画，其中骨骼系统和 Biped 两足动物是用于设置角色动画的对象，使角色的表现更加生动。

骨骼系统使骨骼对象具有关节的层次链接，可用于设置其他对象或层次的动画。本节主要介绍创建角色动画的操作方法。

11.3.1 创建骨骼

骨骼是可渲染的对象，而且骨骼具备多个可用于定义骨骼形状的参数，如锥化、鳍等，从而可以改变骨骼的形状。下面介绍创建骨骼的操作步骤。

创建骨骼

Step 01 按【Ctrl + O】组合键，打开素材模型（资源\素材\第 11 章\骨骼.max），如图 11-28 所示。

Step 02 ❶单击"创建"面板➕中的"系统"按钮；❷在"对象类型"卷展栏中单击"骨骼"按钮，如图 11-29 所示。

图 11-28 打开素材模型　　　　　图 11-29 单击"骨骼"按钮

Step 03 移动鼠标指针至前视图中，单击鼠标左键并沿 Y 轴向下拖曳至合适位置；接着单击鼠标左键并拖曳至合适位置，单击鼠标右键结束，创建骨骼，如图 11-30 所示。

Step 04 选择创建的上臂对象，切换至"修改"面板，在"骨骼参数"卷展栏中的"骨骼对象"选项区中，设置"宽度"和"高度"均为 60 mm，如图 11-31 所示。

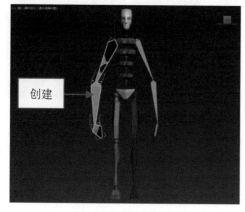

图 11-30 创建骨骼　　　　　图 11-31 设置参数值

Step 05 ❶选择创建的下臂对象，切换至"修改"面板；❷在"骨骼参数"卷展栏中的"骨骼对象"选项区中设置"宽度"和"高度"均为 60 mm，如图 11-32 所示。

Step 06 ❶选择创建的手掌对象，切换至"修改"面板；❷在"骨骼参数"卷展栏中的"骨骼对象"选项区中设置各参数，如图 11-33 所示。

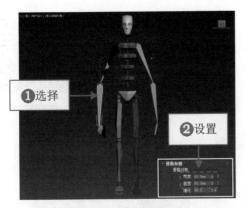

图 11-32 创建下臂对象

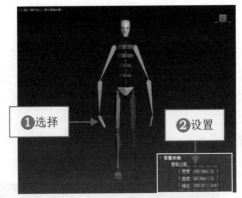

图 11-33 创建手掌对象

▶ 专家指点

在"骨骼参数"卷展栏中，各主要选项的含义如下。

➢ 宽度：用于设置要创建骨骼的宽度。

➢ 高度：用于设置要创建骨骼的高度。

➢ 锥化：调整骨骼形状的锥化。

Step 07 单击主工具栏中的"选择并移动"按钮 ✛，在各个视图中，调整骨骼对象的位置，如图 11-34 所示。

Step 08 执行上述操作后，得到最终的骨骼效果，并切换至透视视图，如图 11-35 所示。

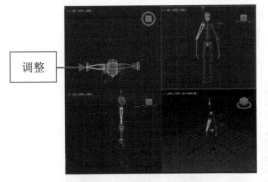

图 11-34 调整骨骼对象的位置

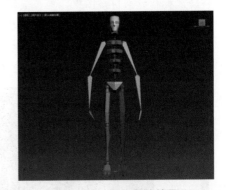

图 11-35 最终骨骼效果

▶ 专家指点

除了运用上述方法可以创建骨骼外，还可以在菜单栏中，单击"创建"|"系统"|"骨骼 IK 链"命令。

11.3.2 创建 Biped

3ds Max 2020 中还为提供了一套非常方便的人体骨骼工具，即 Biped，使用 Biped 工具创建出的骨骼与真实的人体骨骼基本一致。

创建 Biped

使用 Biped 工具不仅可以快速制作出人体动画，而且还可以通过修改 Biped 参数制作出其他生物。下面介绍创建 Biped 的操作步骤。

Step 01　新建一个空白场景文件，❶单击"创建"面板➕中的"系统"按钮⚙；❷在"对象类型"卷展栏中单击 Biped 按钮，如图 11-36 所示。

Step 02　移动鼠标指针至前视图中，按住鼠标左键并拖曳，即可创建 Biped，如图 11-37 所示。

图 11-36　单击 Biped 按钮

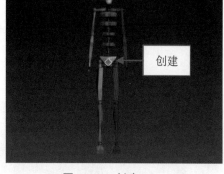

图 11-37　创建 Biped

Step 03　在"创建 Biped"卷展栏中，设置各参数，如图 11-38 所示。

Step 04　执行上述操作后，即可得到最终的 Biped 效果，如图 11-39 所示。

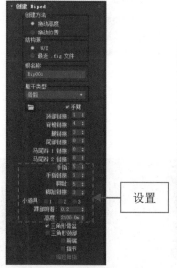

图 11-38　设置各参数

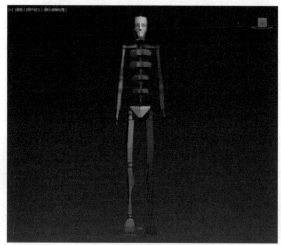

图 11-39　最终 Biped 效果

▶ 专家指点

在"创建 Biped"卷展栏中，在"躯干类型"列表框中可以选择 Biped 的整体外观样式。另外，还可以通过"小道具 1/2/3"这几个复选框，打开相应数量的小道具，这些道具可以用来表示附加到 Biped 的工具或武器。

11.3.3 制作足迹动画

制作足迹动画

通过创建足迹，可以制作出人体沿所创建的足迹行走、跑动或跳跃的动画。同时，通过简单的设置，还可以制作出对象沿足迹行走的动画场景。下面介绍制作足迹动画的操作步骤。

Step 01 按【Ctrl + O】组合键，打开素材模型（资源\素材\第 11 章\足迹.max），如图 11-40 所示。

Step 02 选择 Biped 对象，单击"运动"图标，切换至"运动"面板，❶在 Biped 卷展栏中单击"足迹模式"按钮；❷在"足迹操作"卷展栏中单击"为非活动足迹创建关键点"按钮，如图 11-41 所示。

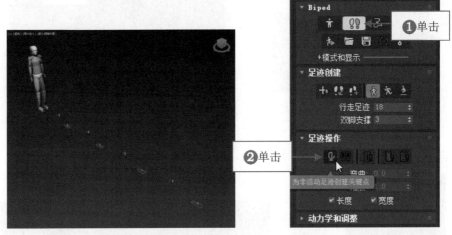

图 11-40 打开素材模型　　　　　　　　　图 11-41 单击相应的按钮

Step 03 激活透视视图，单击"播放动画"按钮，当时间滑块移动至第 40 帧的位置时，效果如图 11-42 所示。

Step 04 当时间滑块移动至第 100 帧的位置时，效果如图 11-43 所示。

图 11-42 第 40 帧时的动画效果　　　　　图 11-43 第 100 帧时的动画效果

本章小结

本章主要介绍在 3ds Max 2020 中创建和设置动画效果的方法,具体包括设置和控制动画、设置轨迹视图、创建角色动画等,帮助读者快速制作出 3D 动画效果。通过本章的学习,希望读者能够很好地掌握制作 3D 动画的方法。

课后习题

课后习题

鉴于本章知识的重要性,为了帮助读者更好地掌握所学知识,本节将通过上机习题,帮助读者进行简单的知识回顾和补充。

在编辑动画的过程中,可以删除某个具体的关键点。本习题需要掌握在 3ds Max 2020 中删除动画关键点的操作方法,素材与效果如图 11-44 所示。

图 11-44　素材与效果对比图

第 12 章
粒子系统与空间扭曲

3ds Max 2020 拥有功能强大的粒子系统，通过相应的程序可以为小型对象设置动画并创建各种特效。本章主要介绍粒子系统、空间扭曲以及导向器空间扭曲的创建方法。

本章重点

➢ 创建粒子系统
➢ 创建空间扭曲
➢ 创建导向器空间扭曲

12.1　创建粒子系统

粒子系统适用于需要大量粒子效果的动画场景，如雨、雪、烟花和爆炸等特殊效果。可以将任意一个对象作为粒子，用于创建动画效果。本节主要介绍创建粒子系统的操作方法。

12.1.1　创建雪粒子

创建雪粒子

雪是模拟降雪或没撒的纸屑，雪粒子系统与喷射粒子系统类似，但是雪粒子系统提供了一些其他参数生成翻滚的雪花。下面介绍创建雪粒子的操作步骤。

Step 01 新建一个空白场景文件，在"创建"面板➕中，单击"标准基本体"右侧的下拉按钮，❶在弹出的列表框中选择"粒子系统"选项；❷单击"对象类型"卷展栏中的"雪"按钮，如图 12-1 所示。

Step 02 在顶视图中，按住鼠标左键并拖曳，创建一个雪粒子图标，如图 12-2 所示。

图 12-1　单击"雪"按钮

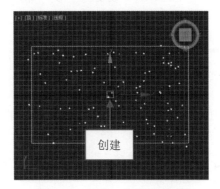

图 12-2　创建一个雪粒子图标

Step 03 在"参数"卷展栏的"发射器"选项区中，❶设置各参数；❷在"粒子"选项区中设置各参数，如图 12-3 所示。

Step 04 执行上述操作后，即可调整雪粒子效果，如图 12-4 所示。

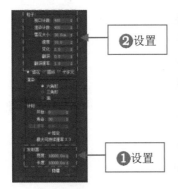

图 12-3　设置各参数

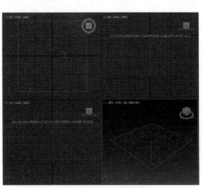

图 12-4　雪粒子效果

▶ 专家指点

在"参数"卷展栏中，各主要选项的含义如下。

- ➢ 视口计数：用于设置粒子在视图中显示的数量。
- ➢ 渲染计数：用于设置一个帧在渲染时可以显示的最大粒子数。
- ➢ 雪花大小：用于设置雪花粒子的大小，系统默认值为 2。
- ➢ 速度：用于设置粒子离开发射器的速度，数值越大，速度越快。
- ➢ 变化：用于设置粒子的初始速度和方向。
- ➢ 翻滚/翻滚速率：用于设置雪花粒子的随机旋转量和旋转速度。
- ➢ 雪花/圆点/十字叉：用于设置粒子在视图中的显示方式。
- ➢ 六角形/三角形/面：用于设置渲染时粒子的显示方式。
- ➢ 开始：用于设置粒子从第几帧开始出现，系统默认为 0。
- ➢ 寿命：用于设置粒子从开始到消失经历了多少帧动画，系统默认为 30。
- ➢ 出生速率：用于设置每个帧产生的新粒子数。
- ➢ 恒定：选中该复选框后，"出生速率"功能不可用，所用的出生速率等于最大可持续速率；取消选中该复选框后，"出生速率"功能可用。
- ➢ 宽度/长度：用于设置粒子飘落的宽度和长度。
- ➢ 隐藏：选中该复选框，将隐藏发射器，即在场景中看不到发射器。

12.1.2 超级喷射粒子

超级喷射粒子系统是原来的喷射粒子系统的升级，它能够发射受控制的粒子喷射，增加了所有新型粒子系统提供的功能。

在"创建"面板 ✚ 上选择"扩展基本体"列表框中的"粒子系统"选项；在"对象类型"卷展栏中单击"超级喷射"按钮，在视图中按住鼠标左键并拖曳，即可创建超级喷射粒子。

超级喷射粒子系统是从中心发射粒子，与喷射器图标大小无关，图标的箭头指向的是粒子喷射的初始方向。选择发射器，切换至"修改"面板 ☑，展开参数面板，其中包含了七个卷展栏。下面详细介绍三个常用卷展栏的含义。

1．"基本参数"卷展栏

"基本参数"卷展栏用于设置粒子最基本的参数，如图 12-5 所示。在"基本参数"卷展栏中，各主要选项的含义如下。

- ➢ 轴偏离：用于设置粒子流与 Z 轴的夹角量。
- ➢ 扩散：用于设置粒子远离发射向器的扩散量。
- ➢ 平面偏离：用于设置围绕 Z 轴的发射角量，如果"轴偏离"为 0，则该选项不起任何作用。
- ➢ 显示图标：用于设置视口中粒子发射器图标的大小。
- ➢ 视口显示：用于设置粒子在视图中的显示方式。

2. "粒子生成"卷展栏

"粒子生成"卷展栏用于调整粒子对象大小、形状速度以及生命周期，如图 12-6 所示。

图 12-5　"基本参数"卷展栏　　　图 12-6　"粒子生成"卷展栏

在"粒子生成"卷展栏中，各主要选项的含义如下。

➤ 粒子数量：在该选项区中，选中"使用速率"单选按钮，可以设置每帧发射的粒子数量；选中"使用总数"单选按钮，可以设置在系统使用寿命内所产生的粒子总数。

➤ 粒子运动：用于控制粒子的速度及随机变化，在"变化"数值框中可以设置粒子的分散程度。

➤ 粒子计时：用于设置粒子发射的起始时间和结束时间，以及粒子的寿命和所有粒子全部显示的时间限制。

➤ 粒子大小：用于设置粒子的大小和变化百分比。

➤ 唯一性：通过更改此微调器中的"种子"值，可以在其他粒子设置相同的情况下达到不同的结果。

3. "粒子类型"卷展栏

"粒子类型"卷展栏主要用于设置粒子的类型和贴图类型，如图 12-7 所示。

图 12-7　"粒子类型"卷展栏

在"粒子类型"卷展栏中，各主要选项的含义如下。

- ➤ 粒子类型：用于设置粒子的类型，其中提供了三种粒子，分别是标准粒子、变形球粒子和实例几何体。

- ➤ 标准粒子：用于设置粒子的形状。

- ➤ 变形球粒子参数：在"粒子类型"选项区中选中"变形粒子球"单选按钮，该选项区成可用状态，该选项区用于设置变形粒子球聚集的程度和变化百分比，以及渲染过程中或视图中变形球粒子的粗糙程度。

- ➤ 实例参数：用于在视图中指定特定的对象作为粒子，以及将拾取对象的子对象作为粒子使用。

- ➤ 材质贴图和来源：用于设置粒子材质和贴图的来源。

12.2　创建空间扭曲

空间扭曲也是附加的一种建模工具，它相当于一个"立场"，使对象变形并创建出类似涟漪和波浪等特效。本节主要介绍空间扭曲的基础知识和创建方法。

12.2.1　认识空间扭曲

空间扭曲从字面意思来看比较难懂，可以将空间扭曲比喻为一种控制场景对象运动的无形力量，例如重力、风力和推力等。使用空间扭曲可以模拟真实世界中存在的力效果，当然空间扭曲需要与粒子系统一起配合使用才能制作出动画效果。

在"创建"面板 中，单击"空间扭曲"按钮 ，切换至"空间扭曲"面板，如图 12-8 所示。在"空间扭曲"列表框中包括了五种类型，分别是力、导向器、几何/可变形、基于修改器、粒子和动力学，如图 12-9 所示。

图 12-8　"空间扭曲"面板　　图 12-9　"空间扭曲"列表框

12.2.2　创建重力扭曲

重力扭曲可以在粒子系统生成的粒子上产生自然重力的效果。下面介绍创建重力扭曲的操作步骤。

创建重力扭曲

Step 01 按【Ctrl + O】组合键, 打开素材模型 (资源\素材\第 12 章\弹球.max), 如图 12-10 所示。

Step 02 在 "创建" 面板中 ![加号], 单击 "空间扭曲" 按钮 ![图标], 如图 12-11 所示。

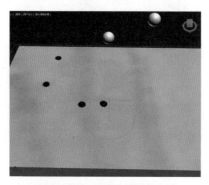

图 12-10　打开素材模型　　　　　图 12-11　单击 "空间扭曲" 按钮

Step 03 在 "对象类型" 卷展栏中单击 "重力" 按钮, 如图 12-12 所示。

Step 04 在顶视图中按住鼠标左键并拖曳至合适位置, 释放鼠标左键, 即可创建一个重力图标, 如图 12-13 所示。

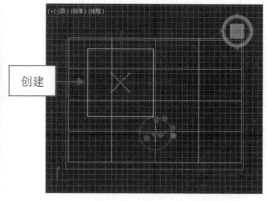

图 12-12　单击 "重力" 按钮　　　　图 12-13　创建一个重力图标

Step 05 选择场景中的粒子系统, 单击主工具栏中的 "绑定到空间扭曲" 按钮 ![图标], 如图 12-14 所示。

Step 06 将粒子系统绑定到重力图标上, 选择重力图标, 切换至 "修改" 面板 ![图标]; 在 "参数" 卷展栏中, 设置 "强度" 为 0.5、"图标大小" 为 30 mm, 如图 12-15 所示。

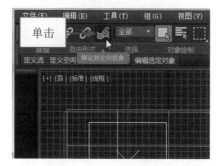

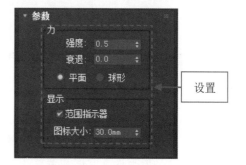

图 12-14　单击 "绑定到空间扭曲" 按钮　　　图 12-15　设置参数值

Step 07 当时间滑块移动至第 50 帧的位置时，按【F9】键进行快速渲染，效果如图 12-16 所示。

图 12-16　渲染模型效果

▶ 专家指点

在"参数"卷展栏中，各主要选项的含义如下。

➤ 强度：用于定义重力的作用强度。

➤ 衰退：用于设置远离图标时的衰减速度。

➤ 图标大小：用于定义图标的大小。

12.2.3　漩涡扭曲

漩涡可以将力应用于粒子，使粒子在急转的漩涡中进行旋转，使粒子向下移动成一个长而窄的喷流或漩涡井。常用于创建黑洞、涡流和龙卷风等效果，具体操作如下。

在"创建"面板 ➕ 中单击"空间扭曲"按钮，在"对象类型"卷展栏中单击"漩涡"按钮，在顶视图中按住鼠标左键并拖曳至合适位置，释放鼠标左键，即可创建一个漩涡图标。图 12-17 所示。

为使用漩涡扭曲后的效果，选择粒子系统。单击"绑定到空间扭曲"按钮，将粒子系统绑定到漩涡图标上，展开"参数"卷展栏，如图 12-18 所示。

图 12-17　漩涡扭曲效果　　　　　图 12-18　"参数"卷展栏

在"参数"卷展栏中，各主要选项的含义如下。

➤ 计时：用于设置空间扭曲变为活动以及非活动状态时所处的帧编号。

➤ 锥化长度：用于控制漩涡的长度及外形。

> ➤ 锥化曲线：用于控制漩涡的外形。
> ➤ 无限范围：选中该复选框，漩涡会在无限范围内施加全部阻尼强度；取消选中该复选框，"范围"和"衰减"设置将生效。
> ➤ 轴向下拉：用于指定粒子沿下拉轴方向移动的速度。
> ➤ 范围：以系统单位数表示的距漩涡图标中心的距离，该距离内的轴向阻尼为全效阻尼，仅在取消选中"无限范围"复选框时生效。
> ➤ 衰减：用于指定在"轴向范围"外应用轴向阻尼的距离。
> ➤ 阻尼：用于控制平行于下落轴的粒子运动每帧受抑制的程度。
> ➤ 轨道速度：用于指定粒子旋转的速度。
> ➤ 径向拉力：用于指定粒子旋转距下落轴的距离。
> ➤ 顺时针/逆时针：用于决定粒子顺时针旋转还是逆时针旋转。

12.3　创建导向器空间扭曲

导向器空间扭曲可以是粒子系统或动力学系统受到阻挡，从而产生方向上的改变。本节主要介绍导向器空间扭曲的基础知识和创建方法。

12.3.1　创建导向板扭曲

创建导向板扭曲

"导向板"空间扭曲起着平面防护板的作用，它能排斥由粒子系统生成的粒子，使用导向板可以模拟被雨水敲击的公路。下面介绍创建导向板扭曲的操作步骤。

Step 01 按【Ctrl + O】组合键，打开素材模型（资源\素材\第 12 章\雨中漫步.max），在"创建"面板 ✛ 中，❶单击"空间扭曲"按钮 ❁；❷在"力"列表框中选择"导向器"选项；❸在"对象类型"卷展栏中单击"导向板"按钮，如图 12-19 所示。

Step 02 在顶视图中按住鼠标左键并拖曳至合适位置，释放鼠标左键，即可创建一个导向板图标，并移动至合适位置，如图 12-20 所示。

图 12-19　单击"导向板"按钮

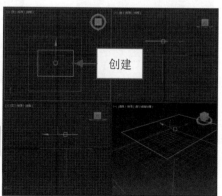

图 12-20　创建导向板图标

Step 03 选择粒子对象，单击主工具栏中的"绑定到空间扭曲"按钮 🔊，将粒子系统绑定到导向板图标上；选择导向板图标，切换至"修改"面板 🔲，在"参数"卷展栏中，设置"反弹"为 2，如图 12-21 所示。

Step 04 移动时间滑块至第 30 帧的位置，按【F9】键快速渲染，效果如图 12-22 所示。

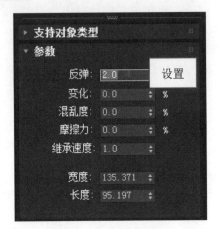

图 12-21　设置参数值

图 12-22　渲染模型效果

12.3.2　全导向器扭曲

使用全导向器扭曲，可以拾取任意对象作为粒子导向器。全导向器的创建方法与导向板、导向球的创建方法是基本相同的，创建全导向器图标后，将粒子系统绑定到全导向器图标上，不同的是全导向器可以拾取场景中的任何可渲染对象作为导向器。展开全导向器"基本参数"卷展栏，如图 12-23 所示。使用全导向器扭曲的效果，如图 12-24 所示

图 12-23　"基本参数"卷展栏

图 12-24　全导向器扭曲效果

▶ **专家指点**

创建全导向器扭曲有以下两种方法。

➢ 命令：在菜单栏中，单击"创建"|"空间扭曲"|"导向器"|"全导向器"命令。
➢ 按钮：在"创建"面板中，单击"空间扭曲"按钮 🌊，在"力"列表框中，选择"导向器"选项，在"对象类型"卷展栏中，单击"全导向器"按钮。

本章小结

　　本章主要介绍粒子系统与空间扭曲的相关操作技巧，具体内容包括创建粒子系统、创建空间扭曲、创建导向器空间扭曲等，帮助读者快速做出各种精彩的动画场景特效。通过本章的学习，希望读者能够很好地掌握粒子系统与空间扭曲的创建方法。

课后习题

课后习题

　　鉴于本章知识的重要性，为了帮助读者更好地掌握所学知识，本节将通过上机习题，帮助读者进行简单的知识回顾和补充。

　　使用路径跟随扭曲可以强制粒子沿螺旋线路径运动。本习题需要掌握在 3ds Max 2020 中创建路径跟随扭曲的操作方法，素材和效果如图 12-25 所示。

图 12-25　素材和效果对比图

第 13 章
渲染输出动画对象

13

不管模型制作得如何精美，灯光、材质设置得如何出色，如果没有进行最终的渲染，都不能将想要表现的效果真实地呈现出来。所以渲染是制作完整 3D 作品必不可少的步骤，有时甚至是影响作品优劣的关键所在。本章主要介绍渲染的基本知识与操作方法。

本章重点

➢ 设置渲染参数
➢ 设置 ART 渲染器
➢ 设置渲染输出

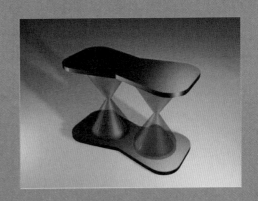

13.1　设置渲染参数

场景文件的大部分渲染参数都要通过"渲染设置：扫描线渲染器"窗口进行设置。可以在该窗口中设置渲染范围、渲染尺寸、输出路径以及指定渲染器等。本节主要介绍设置渲染参数的几个重要选项卡。

13.1.1　"公用"选项卡

"公用"选项卡用来设置所有渲染器的公用参数，包括图像的大小、输出的时间等设置。在菜单栏中，单击"渲染"|"渲染设置"命令，如图 13-1 所示。执行上述操作后，即可打开"渲染设置：扫描线渲染器"窗口，在"公用"选项卡的"公用参数"卷展栏中包含了七个选项区，如图 13-2 所示。下面重点介绍其中五个比较重要的选项区功能。

图 13-1　单击"渲染设置"命令

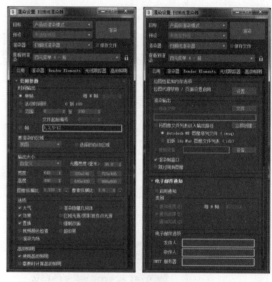

图 13-2　"渲染设置：扫描线渲染器"窗口

1．"时间输出"选项区

"时间输出"选项区主要用来设置渲染的时间，其中各主要选项的含义如下。

➢ 单帧：选中该单选按钮，可渲染当前帧。

➢ 活动时间段：选中该单选按钮，可渲染轨迹栏中指定的帧范围。

➢ 范围：选中该单选按钮，可指定渲染的起始帧和结束帧。

➢ 帧：选中该单选按钮，可指定渲染一些不连续的帧，帧与帧之间用逗号隔开。

2．"输出大小"选项区

"输出大小"选项区用于设置渲染图像的大小和比例，可以直接指定图像的宽度和高度，也可以下拉列表框中直接选取预先设置的标准。

在"输出大小"选项区中，各主要选项的含义如下。

> ➢ 光圈宽度：只有在选择"自定义"下拉列表框中的选项时才可用，它不会改变视图中的图像。
> ➢ 高度/宽度：用于设置渲染图像的高度和宽度，单位是像素。
> ➢ 预设的分辨率：包含四种分辨率，单击任一按钮，将把渲染图像的尺寸改变成为按钮中指定的大小。

3. "选项"选项区

"选项"选项区中包含九个复选框，用来激活不同的渲染选项。选中相应复选框，即可渲染相应复选框中的场景。

4. "高级照明"选项区

"高级照明"选项区中有两个复选框，主要用来设置是否渲染高级照明效果，以及在需要时计算高级照明效果。

5. "渲染输出"选项区

"渲染输出"选项区用来设置渲染输出文件的位置，其中各主要选项的含义如下。
> ➢ 保存文件：当选中"保存文件"复选框时，渲染的图像就会被保存在硬盘上。
> ➢ 文件：用于指定保存文件的位置。
> ➢ 跳过现有图像：选中该复选框，则不渲染保存文件的文件夹中已经存在的帧。

13.1.2 "渲染器"选项卡

"渲染器"选项卡中只包含了一个"扫描线渲染器"卷展栏，该卷展栏中包含了八个选项区，分别是选项、抗锯齿、全局超级采样、运动对象模糊、图像运动模糊、自动反射/折射贴图、颜色范围限制和内存管理，如图 13-3 所示。

图 13-3 "渲染器"选项卡

在"渲染器"选项卡中，各主要选项的含义如下。
> ➢ 选项：提供用于在渲染时打开或关闭场景中的贴图、阴影、自动反射/折射和镜像、强制线框等，在测试渲染时常用这些选项来节约时间。
> ➢ 抗锯齿：选中该复选框，渲染图像则启用抗锯齿功能，从而使渲染对象的边界变得更加光滑。

> ➢ 过滤贴图：用于打开或关闭材质贴图中的过滤器选项。
> ➢ 全局超级采样：用于设置贴图和材质的超级采样效果，如果禁用该功能，则可以加快测试渲染的速度。

13.1.3 "光线跟踪器"选项卡

"光线跟踪器"选项卡可以为明亮场景提供柔和边缘的阴影和对象间的相互颜色，通常与天光结合使用。切换至"光线跟踪器"选项卡，如图 13-4 所示。

图 13-4　"光线跟踪器"选项卡

13.2　设置 ART 渲染器

默认状态下，3ds Max 2020 使用自带的扫描线渲染器渲染场景。此外，系统中还自带一种更为高级的渲染器，即 ART 渲染器。Autodesk Raytracer（简称 ART）渲染器是一种仅使用 CPU 并且基于物理方式的快速渲染器，适用于建筑、产品和工业设计渲染与动画。本节主要介绍 mental ray 渲染器的基本知识和运用方法。

13.2.1 指定渲染器

在 3ds Max 2020 中，可以指定默认的渲染器。按【F10】键，打开"渲染设置：扫描线渲染器"窗口，在"指定渲染器"卷展栏中，单击"产品级"右侧的"选择渲染器"按钮，如图 13-5 所示。执行上述操作后，弹出"选择渲染器"对话框，选择"ART 渲染器"选项，如图 13-6 所示。单击"确定"按钮，即可指定 ART 渲染器。

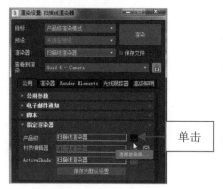

图 13-5　单击"选择渲染器"按钮　　　图 13-6　选择"ART 渲染器"选项

　　如果要将 ART 渲染器设置为默认的渲染器，在选择"ART 渲染器"选项后，单击"保存为默认设置"按钮，即可将其设置为默认渲染器。

13.2.2　设置渲染质量

　　ART 渲染器的渲染质量是以信号噪波比（SNR）测量的，以分贝（dB）作为单位。可以通过滚动条和"目标质量"字段，控制停止渲染的质量级别；质量级别越高，渲染时间越长。下面介绍设置渲染质量的操作步骤。

设置渲染质量

Step 01　按【Ctrl + O】组合键，打开素材模型（资源\素材\第 13 章\鱼缸.max），默认的渲染效果如图 13-7 所示。

Step 02　单击菜单栏中的"渲染"|"渲染设置"命令，打开"渲染设置：ART 渲染器"窗口，切换至"ART 渲染器"选项卡，如图 13-8 所示。

图 13-7　打开素材模型

图 13-8　切换至"渲染"选项卡

Step 03　在"渲染参数"卷展栏的"渲染质量"选项区中，设置"目标质量"为"草图级"，如图 13-9 所示。

Step 04　单击"渲染"按钮，弹出"渲染"对话框，显示渲染进度，如图 13-10 所示。

图 13-9　设置参数值

图 13-10　显示渲染进度

Step **05**　同时会打开渲染帧窗口，开始渲染场景，如图 13-11 所示。

Step **06**　渲染完成后，得到最终的模型效果，如图 13-12 所示。

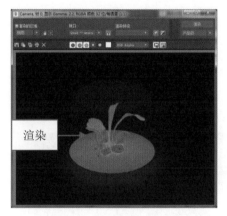

图 13-11　开始渲染场景

图 13-12　渲染模型效果

13.3　设置渲染输出

渲染输出的图像类型可以为静态图像，也可以为动态图像。本节主要介绍设置渲染输出的操作方法。

13.3.1　输出静态图像

静态图像的输出分辨率一般由每英寸的像素点数目来确定，分辨率越高则每英寸显示的像素点越多。下面介绍输出静态图像的操作步骤。

输出静态图像

Step **01**　按【Ctrl + O】组合键，打开素材模型（资源\素材\第 13 章\沙漏.max），如图 13-13 所示。

Step **02**　按【F10】键，打开"渲染设置：扫描线渲染器"窗口，单击"渲染输出"选项区中的"文件"按钮，如图 13-14 所示。

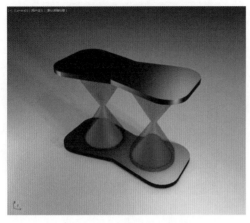

图 13-13　打开素材模型

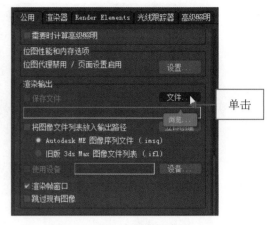

图 13-14　单击"文件"按钮

Step 03　弹出"渲染输出文件"对话框，设置文件名和保存类型，如图 13-15 所示。

Step 04　单击"保存"按钮，弹出"BMP 配置"对话框，单击"确定"按钮，如图 13-16 所示。

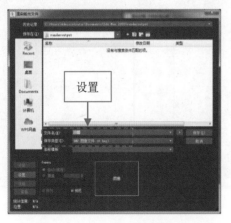

图 13-15　设置文件名和保存类型

图 13-16　单击"确定"按钮

Step 05　返回到"渲染设置：扫描线渲染器"窗口，单击"渲染"按钮，如图 13-17 所示。

Step 06　执行上述操作后，即可渲染静态图像，如图 13-18 所示。

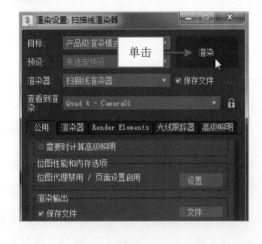

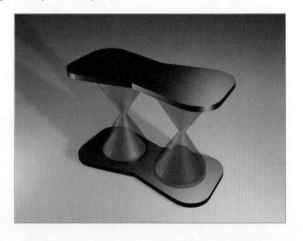

图 13-17　单击"渲染"按钮　　　　　　　图 13-18　渲染静态图像

13.3.2　输出 AVI 动画

输出 AVI 动画

AVI 动画是 Windows 环境下标准的动画文件，是一种音频视频交织的格式文件。在创建动画场景后，可以将所创建的场景输出为该类型的动画文件。下面介绍输出 AVI 动画的操作步骤。

Step 01　按【Ctrl + O】组合键，打开素材模型（资源\素材\第 13 章\画卷动画.max），如图 13-19 所示。

Step 02　按【F10】键打开"渲染设置：扫描线渲染器"窗口，❶在"公用参数"卷展栏中选中"范围"单选按钮；❷单击"渲染输出"选项区中的"文件"按钮，如图 13-20 所示。

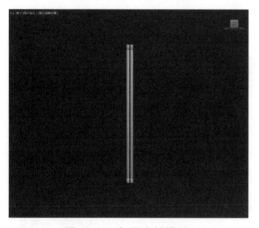

图 13-19　打开素材模型　　　　　　　　图 13-20　单击"文件"按钮

Step 03　弹出"渲染输出文件"对话框，设置相应的文件名，如图 13-21 所示。

Step 04　在"保存类型"列表框中选择"AVI 文件"选项，如图 13-22 所示。

图 13-21　设置文件名和保存类型　　　　　图 13-22　选择"AVI 文件"选项

Step 05　单击"保存"按钮，返回到"渲染设置：扫描线渲染器"窗口，单击"渲染"按钮，即可渲染 AVI 动画，效果如图 13-23 所示。

图 13-23　渲染 AVI 动画

本章小结

本章主要介绍了渲染输出动画对象的方法和操作技巧，具体包括设置渲染参数、设置 ART 渲染器、设置渲染输出等。通过本章的学习，希望读者能够很好地掌握 3D 模型文件的渲染和输出方法。

课后习题

鉴于本章知识的重要性，为了帮助读者更好地掌握所学知识，本节将通过上机习题，帮助读者进行简单的知识回顾和补充。

课后习题

扫描线渲染器可以将场景渲染成一系列的水平线。本习题需要掌握在 3ds Max 2020 中使用扫描线渲染器设置输出大小的操作方法，素材和效果如图 13-24 所示。

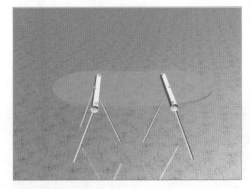

图 13-24　素材和效果对比图

第 14 章
综合案例实战

本章将通过三个综合案例，对 3ds Max 2020 的主要功能作一个总结，帮助读者将前面章节所学的内容进行融会贯通，以达到灵活运用、举一反三的目的。

本章重点

➤ 片头动画案例实战——影视播报
➤ 家具构件案例实战——吧台椅
➤ 建筑模型案例实战——展览馆

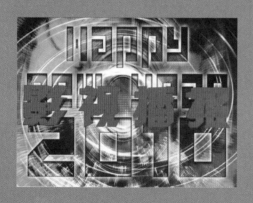

14.1 片头动画案例实战——影视播报

璀璨夺目的电视广告，震撼人心的爆炸场面，这些效果无不展现了动画的魅力。其中，影视播报的动画在电视中随处可见，是一种经电视传播的节目形式，兼有视听效果。并运用了语言、声音、文字、形象、动作以及表演等综合手段进行传播的信息分享方式。本实例效果如图 14-1 所示。

图 14-1　影视播报

14.1.1 制作影视播报文字动画

下面主要通过"自动关键点""选择并移动""选择并旋转"等功能，制作出影视文字的动画效果，操作步骤如下。

制作影视播报文字动画

Step 01 按【Ctrl + O】组合键，打开素材模型（资源\素材\第 14 章\影视.max），如图 14-2 所示。

Step 02 选择 Text 01 对象，❶单击"自动关键点"按钮，激活自动关键点；❷将时间滑块拖曳至第 45 帧处，如图 14-3 所示。

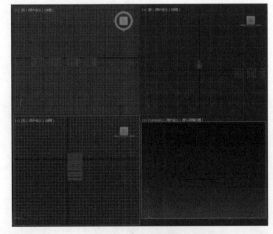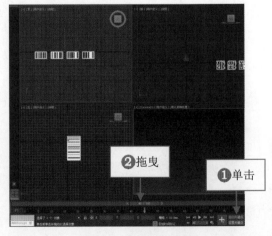

图 14-2　打开素材模型　　　　　　图 14-3　拖曳时间滑块

Step 03　在主工具栏的"选择并移动"按钮✛上单击鼠标右键，弹出"移动变换输入"对话框，在"绝对：世界"选项区中，设置 X 为 0 mm，如图 14-4 所示。

Step 04　按【Enter】键确认，即可移动文字对象，效果如图 14-5 所示。

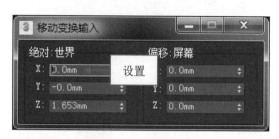

图 14-4　设置参数值

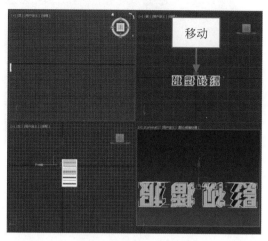

图 14-5　移动文字对象

Step 05　在主工具栏的"选择并旋转"按钮↻上单击鼠标右键，弹出"旋转变换输入"对话框，在"绝对：世界"选项区中，设置各参数，如图 14-6 所示。

Step 06　按【Enter】键确认，即可旋转文字对象，效果如图 14-7 所示。

图 14-6　设置参数值

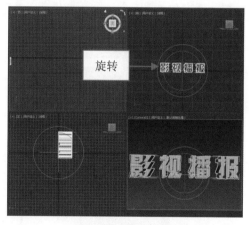

图 14-7　旋转文字对象

▶ **专家指点**

　　要将旋转限制到 *X*、*Y* 或 *Z* 轴或者任意两个轴，可单击"轴约束"工具栏上的相应按钮，或使用"变换 Gizmo"功能。

Step 07　将时间滑块移至第 70 帧处，在前视图中，将鼠标指针移至绿色直线处，向右拖曳鼠标，旋转文字对象，如图 14-8 所示。

Step 08　至 360 度处，释放鼠标，单击"自动关键点"按钮，取消激活自动关键点，效果如图 14-9 所示。

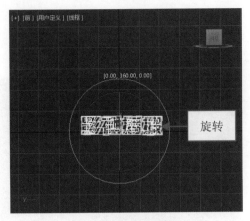

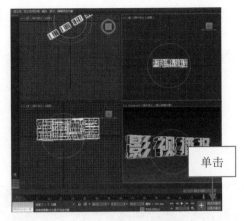

图 14-8　旋转文字对象　　　　　　　　图 14-9　取消激活自动关键点

14.1.2　制作影视播报文字材质

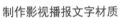

下面主要运用"材质编辑器"和"扫描线渲染器"等功能，为文字
对象赋予材质，并输出为视频文件，操作步骤如下。

制作影视播报文字材质

Step 01　按【M】键，弹出"材质编辑器"对话框，❶选择第一个材质球；❷单击（B）Blinn 右
侧的下拉按钮；❸在弹出的列表框中选择"（M）金属"选项，如图 14-10 所示。

Step 02　在"金属基本参数"卷展栏中，单击"环境光"左侧的"锁定"按钮，解除环境光与
漫反射之间的锁定，如图 14-11 所示。

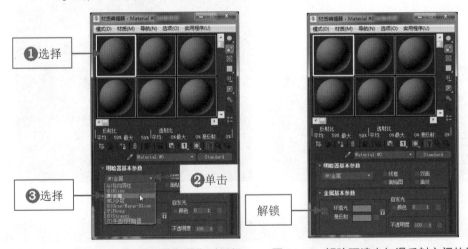

图 14-10　"材质编辑器"对话框　　　图 14-11　解除环境光与漫反射之间的锁定

Step 03　单击"环境光"右侧的颜色色块，弹出"颜色选择器：环境光颜色"对话框，设置"红"
"绿""蓝"均为 0，如图 14-12 所示。

Step 04　单击"确定"按钮，返回到"金属基本参数"卷展栏，单击"漫反射"右侧的颜色色块，
弹出"颜色选择器：漫反射颜色"对话框，设置"漫反射"的"红""绿""蓝"参数分
别为 255、0、85，如图 14-13 所示。

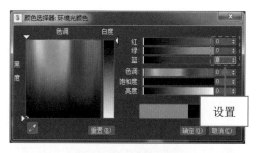 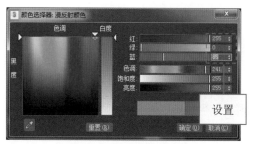

图 14-12 设置参数值(1)　　　　　　　　图 14-13 设置参数值(2)

Step 05 单击"确定"按钮，返回到"材质编辑器"对话框，在"贴图"卷展栏中，单击"反射"右侧的"无贴图"按钮，如图 14-14 所示。

Step 06 弹出"材质/贴图浏览器"对话框，选择"光线跟踪"选项，如图 14-15 所示。

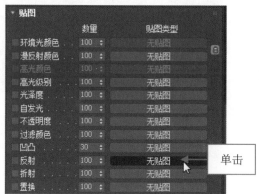 

图 14-14 单击"无贴图"按钮　　　　　　图 14-15 选择"光线跟踪"选项

Step 07 单击"确定"按钮，并单击"转到父对象"按钮，返回上一级，将设置好的材质赋予文字对象，效果如图 14-16 所示。

Step 08 按【F10】键，打开"渲染设置：扫描线渲染器"窗口，在"时间输出"选项区中，①选中"范围"单选按钮；②在"至"右侧的数值框中输入 100，如图 14-17 所示。

 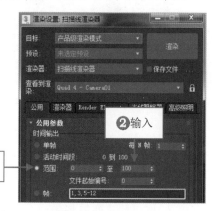

图 14-16 赋予文字材质　　　　　　　　图 14-17 输入参数值

Step 09 在"渲染输出"选项区中，单击"文件"按钮，弹出"渲染输出文件"对话框，设置文件名、保存路径和保存类型，如图 14-18 所示。

Step 10 单击"保存"按钮，弹出"AVI 文件压缩设置"对话框，按住"质量"选项下方的滑块并向右拖曳至最末端，如图 14-19 所示。

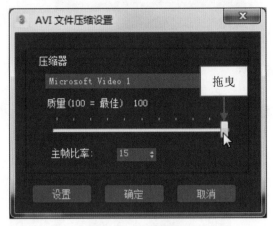

图 14-18　弹出"渲染输出文件"对话框　　　　　　图 14-19　拖曳滑块

Step 11 单击"确定"按钮，返回到"渲染设置：扫描线渲染器"窗口，在"输出大小"选项区中，单击"自定义"右侧的下拉按钮；在弹出的列表框中选择"PAL（视频）"选项，单击"光圈宽度（毫米）"下方的 768×576 按钮，单击"渲染"按钮，即可渲染输出影视播报动画，效果如图 14-20 所示。

图 14-20　影视播报动画效果

14.2　家具构件案例实战——吧台椅

吧台椅的形状与普通椅子相似，但座面离地较高，通常座面离地尺寸在 65～90 cm。同时，吧台椅还具有现代感和金属的质感，现在很多家庭都有类似的吧台设计，也会购买吧台椅。本实例效果如图 14-21 所示。

图 14-21 吧台椅

14.2.1 制作吧台椅坐垫和支架

下面主要运用"圆柱体"按钮、"挤出"修改器以及"克隆选项"功能，制作出吧台椅的坐垫和支架效果，操作步骤如下。

制作吧台椅坐垫和支架

Step 01 在"创建"面板 ➕ 中，单击"对象类型"卷展栏中的"圆柱体"按钮，在顶视图中创建一个"半径"为 20 cm、"高度"为 3 cm、"边数"为 36 的圆柱体，如图 14-22 所示。

Step 02 在"创建"面板 ➕ 中，单击"对象类型"卷展栏中的"圆柱体"按钮，在顶视图中创建一个"半径"为 2 cm、"高度"为 80 cm、"边数"为 36 的圆柱体，并调整其位置，如图 14-23 所示。

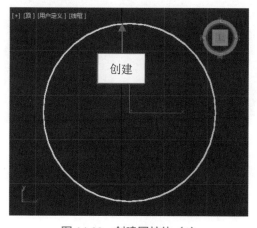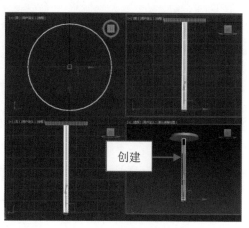

图 14-22 创建圆柱体（1）　　　　　图 14-23 创建圆柱体（2）

Step 03 单击"创建"面板 ➕ 中的"图形"按钮 ，在"对象类型"卷展栏中，单击"线"按钮，在前视图中创建一条封闭的样条曲线，如图 14-24 所示。

Step 04 在"修改"面板 的"修改器列表"下拉列表框中，选择"挤出"选项，如图 14-25 所示。

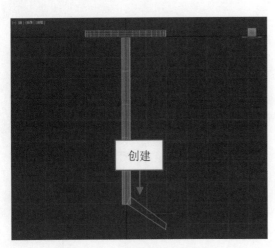

图 14-24　创建封闭的样条线

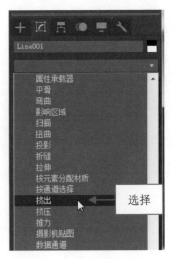

图 14-25　选择 "挤出" 选项

Step 05 在 "参数" 卷展栏中，设置 "数量" 为 2 cm，如图 14-26 所示。

Step 06 挤出图形并调整其位置，如图 14-27 所示。

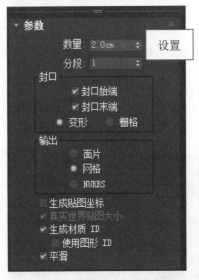

图 14-26　设置 "数量" 参数

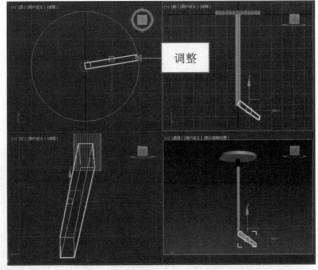

图 14-27　挤出图形并调整其位置

▶ **专家指点**

　　当选中 "栅格" 单选按钮时，栅格线是隐藏边而不是可见边。这主要会影响使用 "关联" 选项指定的材质，或使用晶格修改器的任何对象。

Step 07 在顶视图中，按住【Shift】键的同时，沿 Y 轴向上拖曳鼠标，弹出 "克隆选项" 对话框，❶选中 "复制" 单选按钮；❷设置 "副本数" 为 4，如图 14-28 所示。

Step 08 单击 "确定" 按钮，克隆出四个图形，在顶视图中，运用选择并移动工具✚和选择并旋转工具C调整克隆图形的位置，效果如图 14-29 所示。

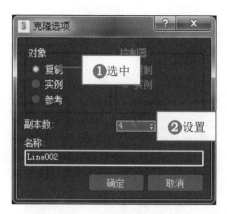

图 14-28 "克隆选项"对话框

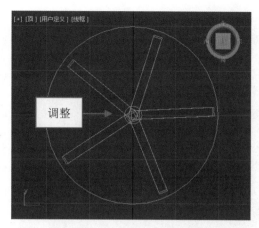

图 14-29 复制图形并调整其位置

14.2.2 制作吧台椅踩垫

制作吧台椅踩垫

下面主要运用"圆"按钮和"圆柱体"按钮,以及各种移动和调整工具,制作出吧台椅的踩垫效果,操作步骤如下。

Step 01 单击"创建"面板 ✚ 中的"图形"按钮 ☑,在"对象类型"卷展栏中,单击"圆"按钮,在顶视图中创建一个"半径"为 20 cm 的圆,如图 14-30 所示。

Step 02 切换至"修改"面板 ☑,在"渲染"卷展栏中,❶选中"在渲染中启用"复选框和"在视口中启用"复选框;❷设置"厚度"为 4 cm,如图 14-31 所示。

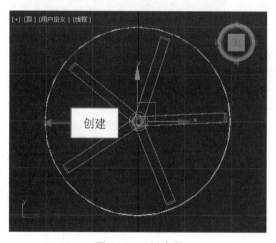

图 14-30 创建圆

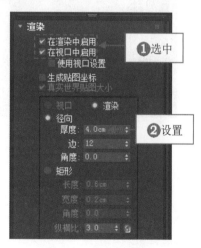

图 14-31 设置各参数

Step 03 单击主工具栏中的"选择并移动"按钮 ✛,调整图形至合适的位置,如图 14-32 所示。

Step 04 单击"创建"面板 ✚ 中的"几何体"按钮 ◯,在"对象类型"卷展栏中,单击"圆柱体"按钮,在前视图中,创建五个"半径"为 1 cm、"高度"为 19 cm、"边数"为 36 的圆柱体,在顶视图中,运用选择并移动工具 ✛ 和选择并旋转工具 ☑,调整其位置,如图 14-33 所示。

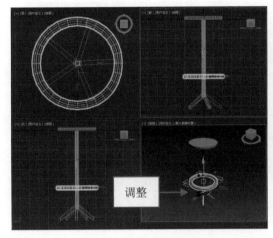

<table>
<tr><td>图 14-32 调整图形位置</td><td>图 14-33 创建并调整图形位置</td></tr>
</table>

Step 05 在"对象类型"卷展栏中，单击"平面"按钮，在顶视图中，单击鼠标左键并拖曳，创建平面，如图 14-34 所示。

Step 06 在"参数"卷展栏中，设置"长度"和"宽度"均为 1 500 cm，单击主工具栏中的"选择并移动"按钮 ✥，在各个视图中调整平面的位置，如图 14-35 所示。

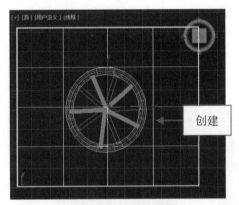

图 14-34 创建平面

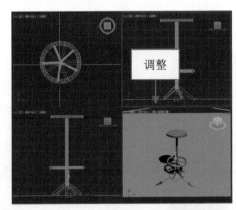

图 14-35 调整平面位置

14.2.3 制作吧台椅材质

下面主要运用"材质编辑器"对话框为吧台椅的各个部分以及地面赋予相应的材质效果，操作步骤如下。

制作吧台椅材质

Step 01 按【M】键，弹出"材质编辑器"对话框，❶选择第一个材质球；❷单击 Blinn 右侧的下拉按钮 ▼；❸在弹出的列表框中选择"金属"选项，如图 14-36 所示。

Step 02 展开"金属基本参数"卷展栏，单击"锁定"按钮 ⛓，解锁 环境光和漫反射，单击"环境光"颜色色块，弹出"颜色选择器：环境光颜色"对话框，设置各参数，如图 14-37 所示。

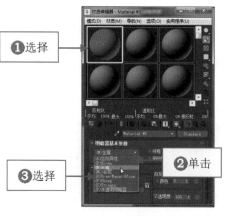

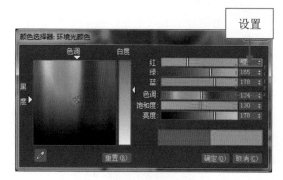

图 14-36　选择"金属"选项　　　　　　　　　图 14-37　设置各参数

Step 03　❶设置"漫反射"的"红""绿""蓝"均为 159;❷设置"高光级别"为 170、"光泽度"为 34,如图 14-38 所示。

Step 04　❶在"贴图"卷展栏中,选中"反射"复选框;❷设置"数量"为 20,如图 14-39 所示。

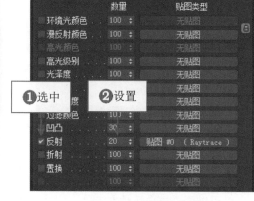

图 14-38　设置参数值　　　　　　　　　　图 14-39　设置参数值

Step 05　在透视图中,选择椅子的支架和踩垫对象,单击"将材质指定给选定对象"按钮,赋予相应的材质,如图 14-40 所示。

Step 06　在"材质编辑器"对话框中选择第二个材质球,单击"漫反射"右侧的"无"按钮,弹出"材质/贴图浏览器"对话框;选择"位图"选项,单击"确定"按钮,弹出"选择位图图像文件"对话框,选择合适的贴图文件,如图 14-41 所示。

Step 07　单击"打开"按钮,返回到"材质编辑器"对话框,在透视图中选择坐垫对象,单击"将材质指定给选定对象"按钮,赋予相应的材质,如图 14-42 所示。

Step 08　选择第三个材质球,单击"漫反射"右侧的"无"按钮,弹出"材质/贴图浏览器"对话框;选择"位图"选项,单击"确定"按钮,弹出"选择位图图像文件"对话框,选择合适的贴图文件,如图 14-43 所示。

图 14-40　赋予材质效果

图 14-41　选择合适的贴图文件

图 14-42　赋予相应的材质

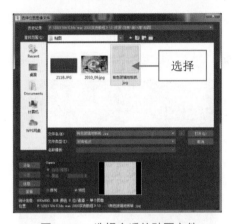

图 14-43　选择合适的贴图文件

Step 09　单击"打开"按钮，返回到"材质编辑器"对话框，在"坐标"卷展栏的"瓷砖"选项
区中，设置 U 和 V 均为 10，如图 14-44 所示。

Step 10　在透视图中选择平面对象，单击"将材质指定给选定对象"按钮 ，赋予相应的材质，
渲染效果如图 14-45 所示。

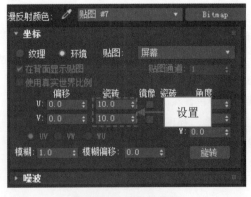

图 14-44　设置各参数

图 14-45　赋予材质效果

14.3 建筑模型案例实战——展览馆

随着建筑科技的发展，使建筑结构和样式迅速走向现代，呈现出许多新的特点，高层建筑的大量发展和新的建筑设计思潮的层出不穷，多元建筑形式风行一时。下面介绍创建展览馆的操作方法。本实例效果如图 14-46 所示。

图 14-46 展览馆

14.3.1 创建展览馆材质

下面主要运用"材质编辑器"对话框，创建展览馆的材质效果，操作步骤如下。

创建展览馆材质

Step **01** 按【Ctrl + O】组合键，打开素材模型（资源\素材\第 14 章\影视.max），如图 14-47 所示。

Step **02** 按【M】键，弹出"材质编辑器"对话框，❶选择相应的材质球；❷并将其重命名为 08，如图 14-48 所示。

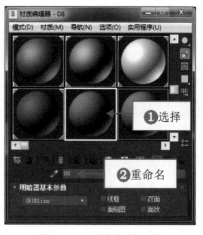

图 14-47 打开素材模型　　　　　图 14-48 重命名材质球

Step **03** 在"明暗器基本参数"卷展栏中，单击 Blinn 右侧的下拉按钮，在弹出的下拉列表中，选择"各向异性"选项，如图 14-49 所示。

Step 04 展开"各向异性基本参数"卷展栏,单击"漫反射"右侧的"无"按钮,弹出"材质/贴图浏览器"对话框,选择"位图"选项,如图 14-50 所示。

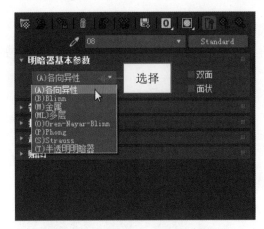

图 14-49 选择"各向异性"选项

图 14-50 选择"位图"选项

Step 05 单击"确定"按钮,弹出"选择位图图像文件"对话框,选择相应的贴图文件,如图 14-51 所示。

Step 06 单击"打开"按钮,单击"转到父对象"按钮,返回到"各向异性基本参数"卷展栏,设置"高光级别"为 30、"光泽度"为 20,如图 14-52 所示。

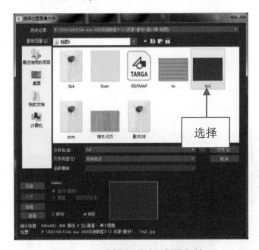

图 14-51 选择相应的贴图文件

图 14-52 设置参数

▶ **专家指点**

合成材质能够合成十种以内的材质类型来创建较复杂的材质效果,而且它是按从上到下的顺序分层的。通过添加颜色、相减颜色或不透明混合的方法,将两个或两个以上的子材质叠加在一起。

Step 07 在视图中,选择合适的场景对象,如图 14-53 所示。

Step 08 单击"将材质指定给选定对象"按钮,为对象赋予材质,效果如图 14-54 所示。

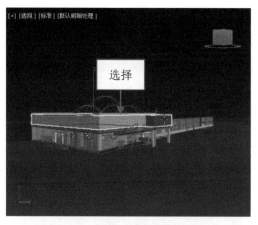

图 14-53　选择合适的场景对象

图 14-54　赋予材质后的效果

14.3.2　创建灯光和摄影机

下面主要运用"目标摄影机"命令和"目标聚光灯"命令，在场景中创建灯光和摄影机，操作步骤如下。

创建灯光和摄影机

Step 01　单击"创建"|"摄影机"|"目标摄影机"命令，移动鼠标指针至顶视图中，按住鼠标左键并拖曳，释放鼠标，创建一个摄影机，效果如图 14-55 所示。

Step 02　单击主工具栏中的"选择并移动"按钮，调整摄影机的投射点和目标点，如图 14-56 所示。

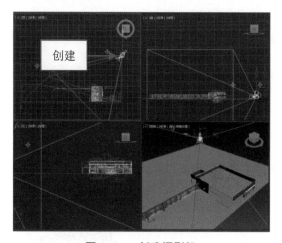

图 14-55　创建摄影机

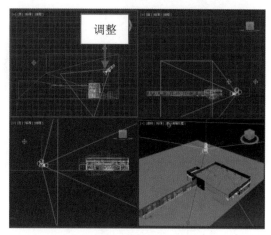

图 14-56　调整摄影机位置

> ▶ **专家指点**
>
> 目标灯光可以使一个目标对象发射光线，多用于设置壁灯、射灯等具有点光源效果的灯光。可以单击菜单栏中的"创建"|"灯光"|"光度学灯光"|"目标灯光"命令，设置目标灯光。

Step 03　调整完毕后，激活透视图，按【C】键，即可切换至摄影机视图，效果如图 14-57 所示。

Step 04 单击"创建"|"灯光"|"标准灯光"|"目标聚光灯"命令，在前视图中单击鼠标左键，创建一盏目标聚光灯，并调整其至合适的位置，如图 14-58 所示。

图 14-57 切换至摄影机视图

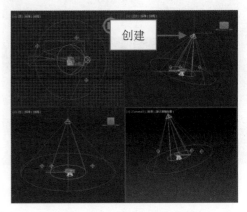

图 14-58 创建目标聚光灯

Step 05 单击"渲染"|"渲染设置"命令，打开"渲染设置：扫描线渲染器"窗口，在"输出大小"选项区中，单击 800×600 按钮，如图 14-59 所示。

Step 06 单击对话框上方的"渲染"按钮，进行渲染处理，效果如图 14-60 所示。

图 14-59 单击 800×600 按钮

图 14-60 渲染效果

14.3.3 后期处理模型效果

后期处理模型效果

下面主要运用 Photoshop 对渲染后的 3D 场景效果图进行适当处理，为其添加天空、地面和其他的场景元素，让整体效果更加丰富，操作步骤如下。

Step 01 启动 Photoshop 程序，单击"文件"|"打开"命令，弹出"打开"对话框，选择相应的素材图像，如图 14-61 所示。

Step 02 单击"打开"按钮，打开素材图像，如图 14-62 所示。

图 14-61　选择相应的素材图像

图 14-62　打开素材图像

Step 03　选取工具箱中的魔棒工具 ，在黄色区域创建选区，如图 14-63 所示。

Step 04　在选区中单击鼠标右键，在弹出的快捷菜单中选择"选择反向"选项，如图 14-64 所示。

图 14-63　创建选区

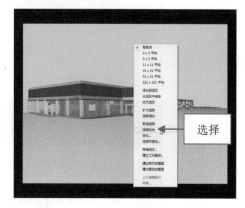

图 14-64　选择"选择反向"选项

Step 05　执行上述操作后，即可反选选区，如图 14-65 所示。

Step 06　按【Ctrl + J】组合键拷贝选区中的内容，并删除"背景"图层，调整图像的大小，效果如图 14-66 所示。

图 14-65　反选选区

图 14-66　抠图并调整图像大小

Step 07　单击"文件"|"打开"命令，打开素材图像，如图 14-67 所示。

图 14-67　素材图像

Step 08　选取工具箱中的移动工具 <svg>✛</svg>，将"展览馆"图像移入到打开的素材图像窗口中，调整图像的大小和位置，效果如图 14-68 所示。

图 14-68　调整图像

Step 09　单击"滤镜"|"锐化"|"USM 锐化"命令，弹出"USM 锐化"对话框，设置"数量"为 60%、"半径"为 1 像素，单击"确定"按钮，最终效果如图 14-69 所示。

图 14-69　最终效果

本章小结

本章主要介绍了三种常见 3D 模型的具体制作技巧，包括影视播报、吧台椅以及展览馆等，具有很强的实用性和代表性。通过本章的学习，希望读者可以边学边操作，提高实际应用技能。